Karl-Heinz Regnat

Junkers

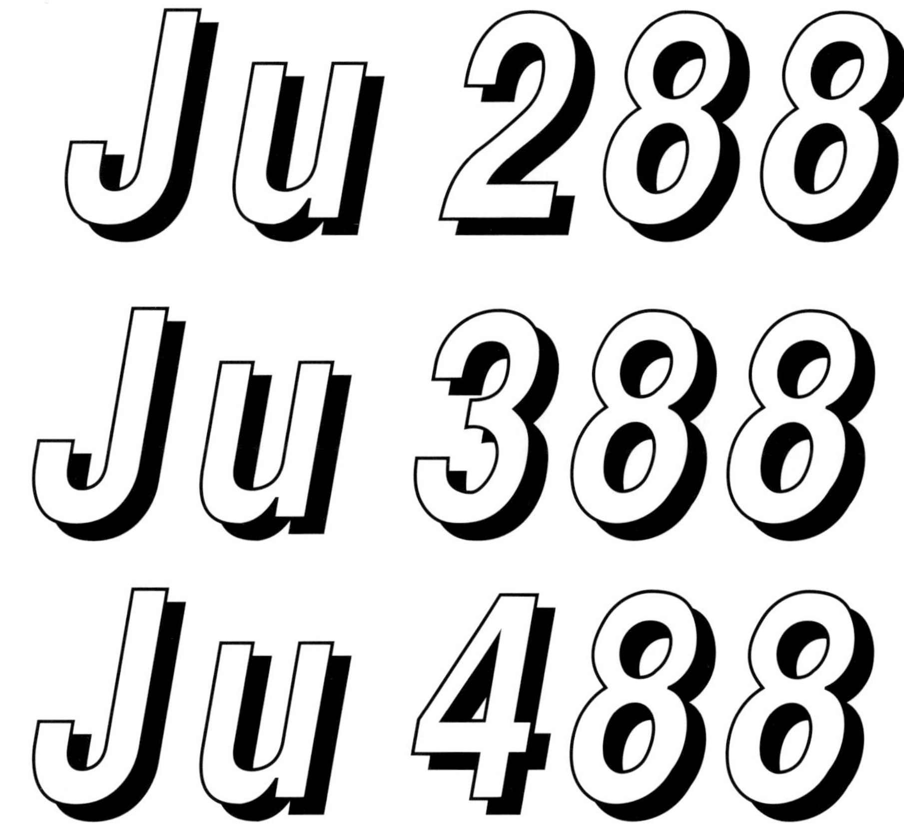

Bernard & Graefe Verlag

Quellenangabe

Die vorliegende Dokumentation wurde im Wesentlichen auf der Basis von Orginaldokumenten erstellt, welche eine weit authentischere Wiedergabe ermöglichen, als dies Sekundärliteratur vermag. Diese wurde jedoch ebenfalls zu Rate gezogen. Es handelt sich hierbei um folgende zuverlässige Werke (Auszug):
Reihe – Die deutsche Luftfahrt

Band 1 – Wagner, »Kurt Tank – Konstrukteur und Testpilot bei Focke-Wulf«
Band 2 – Gersdorff, Grasmann, Schubert »Flugmotoren und Strahltriebwerke«
Band 9 – Lange »Typenhandbuch der deutschen Luftfahrttechnik«
Band 24 – Wagner »Hugo Junkers – Pionier der Luftfahrt«

Budraß »Flugzeugindustrie und Luftrüstung«
Schliephake »Flugzeugbewaffnung«
Sengfelder » Flugzeugfahrwerke«
Freeman »Mighty Eight War Diary«
Butler »War Prizes«

Danksagung

Der Autor möchte es nicht versäumen, allen Personen und Institutionen seinen herzlichsten Dank auszusprechen, ohne deren freundliche Unterstützung diese Dokumentation nicht verwirklicht hätte werden können. Die wesentliche Zahl der Fotos und Dokumente entstammen dem Archiv der EADS-Heritage, der Sammlung des Autors und den Sammlungen verschiedener Herren, welche nachstehend Erwähnung finden sowie dem Verlagsarchiv.
Besonderer Dank gilt den Herren Michael Baumann, Arnd Siemon und Harald Schuller sowie Herrn Ralf Swoboda, welcher die informativen Farbzeichnungen erstellte. Nicht minderer Dank gilt Herrn Ralf Schlüter, der die ansprechende Modelle der Ju 288 und Ju 388 fertigte und den dazugehörigen Baubericht verfasste.

Historisches schriftliches Material, ausgewiesen als Orginaldokumente, wurde teils aus Orginal-Flugzeughandbüchern oder sonstigen historischen Dokumenten wiedergegeben. Eine Abschrift der Dokumente war unumgänglich, da diese sich für einen Abdruck in Bezug auf Qualität nicht eigneten.

Karl-Heinz Regnat

Herstellung und Layout: Walter Amann, München
Satz: B. Krahmer, München
Reproduktionen: Schwertberger GmbH, Kaisheim
Druck- und Bindung: FIBO-Druck und Verlags GmbH, München
Printed in Germany

ISBN 3-7637-6028-8

Inhaltsverzeichnis

Bomberkonstruktionen – Favorisiert und wieder verworfen 4
Das Bomber »B«-Programm 4
Die Konkurrenten – Ar 340, Do 317, Fw 191 und Hs 130 4
Technische Daten im Vergleich 8

Die Versuchsmuster Ju 288 V1 bis V108 9
Prototypen mit BMW 801 9
Erprobungsflugzeuge mit JUMO 222 14
Versuchsmuster mit DB 606 15
Testmaschinen mit DB 610 18

Geplante Serienversionen des Musters Ju 288
Ju 288 A 21
Ju 288 B 21
Ju 288 C 23
Ju 288 D 24
Ju 288 G 24
Ju 288-Höhenbomber 25
Ju 288 mit JUMO 223 25
Ju 288 E 26
Technische Daten der Ju 288-Reihe 26

Die Technik der Ju 288 27
Allgemeine Anmerkungen 27
Der Cockpit-Bereich 27
Das Rumpfwerk 30
Der Leitwerksbereich 31
Das Tragwerk 33
Die Triebwerke der Ju 288-Reihe (BMW 801, Jumo 222, DB 606, DB 610) 34
Das Treibstoffsystem 41
Das Fahrwerk 41
Die militärische Ausrüstung 43
Technische Daten der Bordwaffen im Vergleich 45
Die Abwurfwaffen 45
Junkers Ju 288-Baureihen im Vergleich 47

Enthusiastische Pläne – Die Fertigungsplanung der Ju 288 49
Die Realität 54
Wechsel der Prioritäten 54
Neue Ziele 54

Der Favorit – Der Weg zur Ju 388 55
Der Übergang – Die Ju 88 B 55
Familienband – Die Ju 188 55
Umgetauft – Die Muster Ju 188 J, -K, -L und -M 56

Die Technik der Ju 388 59
Allgemeine Darstellung 59
Der Cockpit-Bereich 59
Die Druckkabine 59
Besatzungsraum (K-0) 63
Das Rumpfwerk 63
Der Leitwerksbereich 64
Das Tragwerk 66
Die Triebwerke der Ju 388-Reihe (BMW 801 G und TJ) 67
Das Treibstoffsystem 68
Die Luftschrauben 70
Das Fahrwerk 70
Die militärische Ausrüstung der verschiedenen Ju 388-Versionen 71
Kurz-Baubeschreibung Hydr. Fernantrieb FA-15 vom Mai 1944 72
Das Steuerwerk 74
Navigations- und Funkeinrichtungen 74
Junkers Ju 388 L-1, -J, K-0
Technische Daten im Vergleich 75

Die Varianten der Ju 388 78
Aufklärer-Varianten – Ju 388 L 78
Nachtjäger und Zerstörer – Ju 388 J 78
Bomber-Varianten – Ju 388 K 81

In Serie – Die Fertigung des Musters Ju 388 83
Der Bau des Musters Ju 388 L 83
Die Produktion der Ju 388 J 83
Die Fertigung der Ju 388 83

Die Ju 388 in der Truppenerprobung 84
Das Erprobungskommando 388 84
Der Versuchsverband des Oberkommandos der Luftwaffe 85

Die Beute der Sieger – Das Muster Ju 388 im Test der Alliierten 86
Die Geschichte der Ju 388 L-1 (Werknr. 560049) 86
Die Erprobung in Großbritannien 88
Die Ju 388 in der Sowjetunion 89

Der Langstreckenbomber und Fernaufklärer Ju 488 90
Das Baukastenprinzip – Ein Konzept zur schnellen Verwirklichung 90
Entwicklung, Bau und Schicksal der Ju 488-Prototypen 90
Die JFM-Baubeschreibung des Musters Ju 488 91
Weitere Anmerkungen zur Technik der Ju 488 92
Zu spät – Die Produktion des Musters Ju 488 93
Seifenblasen – Lizenznehmer Japan 93
Technische Daten im Detail – Junkers Ju 488 94

Klein, aber fein – Die Junkers-Konstruktionen im Modell 95
Die Ju 288 im Maßstab 1:72 95
Die Ju 388 im Maßstab 1:72 95

Farbbildteil nach Seite 32 sowie auf Umschlagseite 3

Quellenangabe/Danksagung 2

Bomberkonstruktionen – Favorisiert und wieder verworfen

Das Bomber »B«-Programm

Die Beweggründe des Technischen Amtes, dieses Bauprogramm Juli 1939 zu initiieren, waren einerseits die Suche eines geeigneten Nachfolgemusters für die »Arbeitspferde« Junkers Ju 88 A und deren Gegenstück Heinkel He 111, anderseits galt es eine Lücke im taktischen Bereich zwischen der Ju 88 und dem »Bomber A«, der He 177, zu schließen. Der Gedanke war dahingehend, durch eine neue Generation eines vielseitig einsetzbaren Bombers sowie eines Schnellbombers die bisherige Lösung zu ersetzen. Bis dahin waren der Schnell-, Mittlere- und Schwere Bomber die angestrebte Lösung. Der »Bomber B«, von dem sich viele wahre Wunderdinge erhofften, jedoch letztlich aufgrund verschiedener Umstände bitter enttäuscht wurden, hätte zumindest im Fall der Ju 288 oder Fw 191 die Kampfkraft der Luftwaffe in nicht unbeträchtlicher Weise gestärkt; von dem Manko ihrer hydraulischen bzw. elektrischen Systeme einmal abgesehen. Mitte 1939 erging an Junkers sowie Focke-Wulf die entsprechende Spezifikation. Zum Ende des genannten Jahres befand sich auch die Ju 88-Produktion noch in der Anfangsphase. Lediglich 69 Ju 88 hatten damals die Endmontage verlassen. Zu einem späteren Zeitpunkt wurden auch Arado, Dornier und Heinkel in das Bomber B-Projekt mit einbezogen. Welche Vorgaben hatten die Konstrukteure zu berücksichtigen?

- Auslegung als zweimotoriges Flugzeug
- Ausstattung mit einer Druckkabine
- Drei Mann Besatzung
- Fernbediente Waffenstände
- Verwendung des DB 604 oder JUMO 222
- Eine Maximalgeschwindigkeit von 670 km/h
- Fähigkeit, mit 600 km/h in 7000 m Flughöhe eine Last von 2 t bis zu einer Zielentfernung von 1800 km zu befördern.

Junkers hatte gegenüber seinen Mitbewerbern sozusagen die besten »Trümpfe« in der Hand. Dies kam nicht von ungefähr, da man sich bereits im Jahre 1937 mit dem EF 73 beschäftigte. Im Fall des Entwicklungsflugzeugs 73 handelte es sich bereits um einen Höhenbomber, welcher mit JUMO 222 oder JUMO 223 ausgestattet werden sollte. Mit diesem Entwurf wurde man bereits im November 1937 beim RLM vorstellig, und es sollte sich künftig bei der Verwirklichung der Ju 288 als wertvolle Grundlage bewähren.
Wie erwähnt, beteiligten sich fünf Firmen an dieser Ausschreibung. Favoriten dieses Wettbewerbs waren zweifellos Junkers und Focke-Wulf mit der Fw 191, einem technisch äußerst interessanten Flugzeug, dessen zu aufwendige technische Raffinessen ihm das Schicksal der Ar 340, Do 317 und Hs 130 C auferlegten.

Windkanaltests des E.F. 73 (E.F. 73 = Entwicklungs-Flugzeug).

Die Konkurrenten – Ar 340, Do 317, Fw 191 und Hs 130 C

Arado Ar 340

Die Ar 340 entsprach zwar in den Kriterien Flügelabmessungen oder Fluggewicht etwa ihren Mitbewerbern, das Erscheinungsbild wich jedoch gänzlich davon ab. Deren Wurzeln reichen bis zum 1936 erarbeiteten Projekt E 500. Auf dem Reißbrett entstand ein Flugzeug mit zentraler Rumpfgondel, zwei Leitwerksträgern und trapezförmigem Tragwerk. Es wurde in zwei Konfigurationen, mit JUMO 222 und DB 604, erarbeitet. Die Rumpfgondel mit kreisrundem Querschnitt und mit einer Druckkabine für eine vierköpfige Besatzung ausgestattet, nahm auf der Rumpfober- und Unterseite sowie im Heck je einen ferngesteuerten Waffenstand auf. Die sich nach hinten verjüngenden Leitwerksträger nahmen zudem an der Heckseite jeweils ein zusätzliches MG auf. Die Defensivbewaffnung der Ar 340 sollte somit aus zwei Zwillings- und drei Einfachlafetten (Heckrichtung) mit MG 131 beziehungsweise MG 151 bestückt werden. Die Zielaufnahme erfolgte über Periskopvisier. Auch im Bereich der Lafette leistete Arado Entwicklungsarbeit, dies in Zusammenhang mit Askania, Goerz und Siemens. Aber auch die DVL wurde in die Arbeiten mit eingebunden.

Die Ar 340, Arados Beitrag zum Bomber B-Programm. Eine unkonventionelle Lösung, die sich nicht durchsetzen konnte.

Die Offensivbewaffnung von maximal 6000 kg diverser Bombenkaliber sollte zur Gänze im Bombenschacht mitgeführt werden. Den Leitwerksbereich bildeten zwei am Ende der Leitwerksträger aufgesetzte Seitenflossen mit an den Außenseiten angeschlagenen Höhenflossen. Eine innenseitige Verbindung zwischen den beiden Leitwerksträgern, die beispielsweise bei der Fw 189, Fokker G.1, P-38, oder XP-

58 zum Einsatz kamen, war hier nicht vorgesehen. Die Gesamtlänge des Flugzeugs betrug 18,65 m.
Das trapezförmige Tragwerk, mit einer Spannweite von 23,00 m (69 m²), diente auch zur Aufnahme des Treibstoffes. Das Rüstgewicht des E 340 wurde mit 11 680 kg und 17 800 kg Startgewicht ermittelt. Unter Berücksichtigung einer Bombenlast von 2000 kg war zumindest theoretisch eine Reichweite von 3600 km möglich. Die Daten beider Ausführungen waren bis hier identisch. In der Disziplin Gipfelhöhe unterschieden sich die Ausführungen mit JUMO 222 und DB 604. Die Leistungwerte standen hier 8900 m zu 9700 m. Im Bereich Höchst- und Reisegeschwindigkeit lagen beide Varianten bei 630 km/h und 473 km/h.
Arado erstellte 1940 ein Mockup, welches zum Jahresende von RLM-Mitarbeitern begutachtet wurde. In den wesentlichen Punkten akzeptierte man die präsentierte Ausführung. Lediglich die Bomben-Abwurfanlage bot Grund zur Beanstandung. Der Entwurf wurde am 28. Februar des Folgejahres in überarbeiteter Form erneut dem Technischen Amt vorgelegt, das die E 340 nun generell ablehnte. Ein Schlag ins Kontor, da Arado fest mit einer Order über zehn Versuchsmuster gerechnet hatte.

Dornier Do 317

Anders als bei Arado, wo man es aufgrund der neuen Situation bei der Erstellung einer Attrappe bewenden ließ, gelang es Dornier, seine Entwicklung wenigstens ins Prototypen-Stadium zu retten. Von diesem Muster wurden insgesamt sechs V-Muster geordert, wovon der erste Prototyp am 8. September 1943 zu seinem Jungfernflug startete. Reichlich spät, da der erste Prototyp der Ju 288 bereits zweieinhalb Jahre zuvor, genauer am 29. 11.1940, seinen Erstflug absolvierte. Rein optisch war das neue Do-Muster der Do 217 sehr ähnlich. Doch bei genauerer Betrachtung sind hier gravierende Änderungen festzustellen. Beispiele hierfür bieten die Druckkabine, welche in der Spezifikation gefordert wurde und mit der man bei Dornier mit dem Muster Do 217 PV-1 schon Erfahrungen gesammelt hatte. Eine Technik, die jedoch erst bei der Do 317 B zum Tragen kommen sollte. Bei Dornier erarbeitete man die Do 317 in zwei Entwürfen: Zum einen die Do 317 A, deren Prototyp die Do 317 V1 darstellte, anderseits die Ausführung Do 317 B, deren Versuchsmuster lediglich in Teilen existierte.
Die Zellenabmessungen der V1 wichen von der Do 217-Grundkonstruktion ab. Der Rumpf war, bedingt durch eine Erhöhung des Querschnitts, voluminöser gestaltet. Um eine größere Offensivbewaffnung, sprich Bombenlast, mitführen zu können, dürfte hier nur einer der Gründe gewesen sein. Besonders ins Auge fällt auch der drastisch geänderte Leitwerksbereich. Hier kamen nicht wie bisher üblich trapezförmige Seitenflossen zum Einsatz, sondern wichen einer neuen, spitz zulaufenden, sehr ungewöhnlichen dreieckigen Form. Wie auch im Fall der späteren Do 217-Muster kam auch hier der DB 603 zum Einbau. Trotz der Ähnlichkeit beider Dornier-Konstruktionen sollten nur noch relativ wenig Teile der Do 217 in der Do 317 Verwendung finden.
Die Abwehrbewaffnung der Do 317 A (V1 unbewaffnet) gestaltete sich wie folgt:

- 1 x MG 131 (Elektr. betriebener Turm auf dem Rumpfrücken)
- 1 x MG 151 (Fester Einbau)
- 1 x MG 81 Z (In der Rumpfnase)
- 2 x MG 131 (In Heckrichtung, oberer und unterer Crewbereich)

Die Flugerprobung der Do 317 V1 begann am 9. September 1943 und enttäuschte die in sie gesetzten Hoffnungen. Die erflogenen Leistungen entsprachen dem Muster Do 217 P-0. Die Ingenieure waren somit gefordert, das Leistungsspektrum der Do 317 weiter zu optimieren. Soweit Informationen zur V1.
Das tatsächliche Objekt für das Bomber B-Programm war hingegen die Do 317 B. Dieses Muster sollte über die geforderte als Vollsichtkanzel ausgelegte Druckkabine für die vierköpfige Besatzung verfügen. Zudem wurde bezüglich besserer Leistungen in großen Flughöhen die Tragflächenspannweite von ursprünglich 20,64 (Do 317 A) auf 26,00 m erhöht. Triebwerksseitig entschied man sich für den DB 610 A. Die Defensivbewaffnung sollte im Gegensatz zur Do 317 A in drei ferngesteuerten Waffenständen zusammengefasst werden.

Positionen:
- B1-Stand – 2 x MG 131 (Hinter der Kanzel)
- B2-Stand – 2 x MG 131 (Etwa in der Rumpfmitte)
- C-Stand – 1 x MG 81 Z (Unter der Kabine)
- H-Stand – 1 x MG 151 (Am Rumpfheck)

Die Offensivbewaffnung bestand gemäß den Vorgaben aus 4000 kg Bomben. Die auf mathematischem Wege ermittelten Leistungsdaten weisen im Fall der mit JUMO 222 ausgestatteten Version eine Höchstgeschwindigkeit von 585 km/h in 6000 m Volldruckhöhe aus. Die A-Variante erreichte hier ein Maximum von 560 km/h. Die Do 317 B »erflog« theoretisch eine Höchstgeschwindigkeit von 770 km/h in 11 340 m Höhe. Eine stolze Leistung, die zwei DB 610 A/B ermöglichen sollten.
Das maximale Startgewicht der Do 317 A lag bei 18 650 kg (DB 603-Typ) bzw. 20 150 kg im Fall der mit JUMO 222 ausgestatteten Variante. Das Maximalgewicht der Do 317 B schlug hingegen mit 4 t Mehrgewicht zu Buche. Man war somit bei 24 000 kg Startmasse angelangt.
Auch über dem Do 317-Projekt zogen dunkle Wolken auf. Angesichts der prekären Lage im Bereich Höhenmotoren, oder auch die Geschehnisse um die Ju 188, ließen die Do 317 in der sprichwörtlichen Versenkung verschwinden. Auch hier waren alle weiteren Pläne plötzlich nur noch Makulatur. Vom Do 317-Programm blieben die Do 317 V1, welche gemeinsam mit der nur in Teilen vorhandenen Maschinen

Frontansicht der Do 317 V1. Unschwer ist erkennbar, daß sie aus der Do 217 entwickelt wurde.

der Materialverwertung zugeführt wurden. Dieses Schicksal teilten fünf weitere Versuchsmaschinen der Do 317 A-Version nicht. Diese Exoten wurden speziell für die Schiffsbekämpfung modifiziert und als Do 217 R in den Flugpark der Luftwaffe integriert. Die Lenkbombenträger kamen bei der III/KG 100 zum Einsatz.

Focke-Wulf Fw 191

Das Muster Fw191, welches ab Ende 1939 unter der Leitung von Dipl.-Ing. Kosel entwickelt wurde, stellte neben dem letztendlichen Favoriten Ju 288 den zweiten Sieger der Bomber B-Ausschreibung dar. Auch hier hatte man mit der Motorenmisere zu kämpfen, welche sich wie der sprichwörtliche »Rote Faden« durch das gesamte Bomber B-Projekt zog. So kam in Ermangelung des dringend benötigten JUMO 222 der BMW 801 gewissermaßen als »Lückenbüßer« zum Einbau. Das Konkurrenzmuster zum JUMO 222, der DB 604, war mittlerweile von der Entwicklungsliste gestrichen worden. Nachdem aber auch der JUMO 222 die Serienreife zeitlich nie erlangen würde, war man gezwungen, auf Motoren des Typs DB 603 oder DB 610 zurückzugreifen, um das Projekt überhaupt am Leben erhalten zu können. Gemäß dieser Situation verfolgte man auch bei Focke-Wulf neue Wege, darunter eine viermotorige Ausführung mit JUMO 211, die unter der Bezeichnung Fw 191 C (Fw 491) vorgelegt wurde. Auch dieser Entwurf war aus der Not geboren und hatte die entprechende Resonanz der Verantwortlichen im RLM.
Der erste Prototyp, die Fw 191 V1, startete Anfang 1942 zu seinem Jungfernflug. Nach kurzer Zeit ging auch das zweite, ebenfalls mit BMW 801-Motoren ausgestattete Versuchsmuster in die Erprobung.

Zur Konfiguration der Fw 191:
Der Ganzmetall-Schalenrumpf verfügte über einen ovalen Querschnitt, welcher sich, die ovale Form beibehaltend, bis zum Heck stetig verkleinerte. Die Rumpfgesamtlänge blieb mit 18,45 m bei allen Ausführungen gleich. Der Crewbereich war für vier Mann ausgelegt und als Druckkabine mit verstrebter Vollsichtverglasung ausgelegt. Den Abschluß des Rumpfbereichs bildete ein trapezförmiges Höhenleitwerk, kombiniert mit annähernd rechteckig geformten Endscheiben.
Das Tragwerk gestaltete sich aus dem die Triebwerke und das Fahrwerk aufnehmende Mittelstück, welchem sich zwei trapezförmige Außenflächen anschlossen. Die Verbindung zum Rumpf erfolgte in Mitteldecker-Anordnung. Die Spannweite betrug im Fall der Fw 191 A 25,00 m bei 70,50 m^2 Flächeninhalt. Die Spannweite der B- bzw. C-Version erhöhte sich auf 26,00 m und 75,00 m^2 Flächeninhalt. Die ursprünglich vorgesehenen nicht verfügbaren Motorentypen verursachten ein nicht unbeträchtliches oder gar aussichtsloses Problem, die geförderten Leistungsvorgaben zu erfüllen. Neben der Fw 191 A, welche man auch mit DB 603 berechnete, entstand die Fw 191 B, die nun mit DB 610-Doppelmotoren ausgestattet wurde. Die bereits erwähnte Fw 191 C war viermotorig auf den JUMO 211 ausgelegt. Dies war zweifellos auch nicht der Weisheit letzter Schluß, da vier Motoren den aerodynamischen Widerstand in nicht unbeträchtlicher Weise erhöhen würden. In Zahlen ausgedrückt stand den einzelnen angestrebten Vatianten folgende Antriebskraft zur Verfügung:

- JUMO 222 = 2 x 2000 PS = 4000 PS
- DB 603 = 2 x 1750 PS = 3500 PS
- DB 610 = 2 x 2950 PS = 5900 PS
- JUMO 211 = 4 x 1420 PS = 5680 PS
- BMW 801 = 2 x 1800 PS = 3600 PS

Die Treibstoffmenge, im Fall der Fw 191 A, 6000 Liter, wurde in fünf geschützten SG-Sackbehältern mit einem jeweiligen Fassungsvermögen von 960 l über dem Bombenschacht plaziert. Hinzu addierten sich noch zwei Tanks mit jeweils 600 l im Flächenmittelstück.
Gemäß der Forderung konnte auch die Fw 191 4000 kg Bomben befördern. Wahlweise konnten auch zwei Torpedos des Typs LT 950 im Bombenschacht sowie zwei desselben Typs als Außenlast mitgeführt werden.

Soweit zeigt die Beschreibung des Flugzeugtyps nur konventionelles, von der Druckkabine und den fernbedienten Waffenständen einmal abgesehen.
Das Neue der Fw 191 lag in ihrem Vermögen, alle normalerweise auf mechanischem oder hydraulischem Wege ausgeführten Funktionen durch ein elektrisches System zu erledigen. Der Anstoß hierzu kam von Seiten des RLM, welches verfügte, dieses technische Neuland zu betreten. Dies wohl um festzustellen, ob sich das Junkersche System, das in der Ju 288 alle erdenklichen Funktionen hydraulisch ausführte, oder die sich auf ein Heer von Elektromotoren stützende Technologie der Fw 191, sich als die geeignetere Entwicklung herausstellte. Schon während der ersten Erprobungen zeigte sich die Anfälligkeit der auf Servomotoren basierende Konstruktionsphilosopie. Hier traten beispielsweise

Im Gegensatz zur Ju 288 sollten eine große Anzahl von Funktionen durch Servomotoren ausgeführt werden.

durch das Versagen verschiedener Bereiche zahlreiche Störfälle auf, die das elektrische System die Steuerbefehle u. a. bei den Klappen nicht oder nur fehlerhaft ausführte. Die Erprobung der beiden ersten Prototypen wurde schon nach zehn Stunden jäh unterbrochen. Bei Focke-Wulf war man um die Vorgabe des RLM, möglichst viele Funktionen auf elektrischer Basis auszuführen, alles andere als glücklich. Solche technischen Innovationen mochten bei Zivilflugzeugen sehr dienlich sein. Für ein militärisch genutztes Flugzeug war diese Lösung schon aufgrund der Aufgabenstellung und den damit verbundenen Risiken mehr als fraglich. Schon alleine das erhöhte Wartungsaufkommen hätte das Personal auf den Frontflugplätzen vor so manches bisher nicht in dieser Form vorhandene Problem gestellt. Die Anfälligkeit durch Beschuß und die daraus resultierenden Schäden, die bei einem Frontflugzeug naturgemäß allgegenwärtig waren, oder aber Ausfälle, deren Ursache in der Natur der Konstruktion zu suchen waren, hätten hier zu einem drastisch erhöhten Wartungsaufwand geführt. Diese Arbeit hätten die die ohnehin bestens ausgelasteten »Schwarzen Männer« in den Geschwadern nur schwerlich erfüllen konnten, zumal mit zunehmender Kriegsdauer auch hier der sogenannte »Heldenklau« immer öfter bei den Einheiten umging und Personal für eine andere Verwendung abzweigte, wäre noch umfangreicher geworden.
Die Fw 191, zwar technisch hochwertig, hatte neben den technischen Schwierigkeiten auch mit einem Gewichtsproblem zu kämpfen, zu dem nicht zuletzt auch dutzende von Kilometern Kabel ihr Scherflein beitrugen. Nachdem man hier in schneller Folge zu keinem befriedigenden Ergebnis kommen konnte, verfügte das RLM die Stornierung der Prototypen Fw 191 V3, V4 und V5. Doch kurz darauf wurden dem Hersteller zwei der allzu raren JUMO 222 zugeteilt. Zusätzlich erreichte Kosel die Zusage des RLM, die anfälligen Bereiche des elektrischen Systems durch hydraulische Komponenten zu ersetzen. Das Blatt hatte sich zumindest kurzfristig gewendet. Nun wurde das sechste V-Muster mit zwei JUMO 222 A/B-Triebwerken verwirklicht und der Erprobung zugeführt. Diese Maschine erhielt im Gegensatz zu ihren Vorgängern verschiedene Hydrauliksysteme, darunter auch für das Fahrwerk. Außerdem wurden anstelle der sogenannten Multhopp-Klappen (Vierteilige kombinierte Sturz- und Landeklappen) konventionelle Flaps installiert. Die Fw 191 V6 startete erstmals im Frühjahr 1943. Die künftigen Ereignisse machten jedoch eine größere Flugerprobung zunichte, da das RLM dem Bomber B-Programm und somit auch der Fw 191 keine Bedeutung mehr zumaß.

Henschel Hs 130 C

Der Vierte im Bunde der Konkurrenten zur Ju 288 entstand im Hause Henschel. Dieser Hersteller besaß bereits große Erfahrungen mit der Druckkabine, dem Herzstück eines hochfliegenden Aufklärers, Jägers oder Bombers. Hier entstanden Ende 1939 die ersten beiden Versuchsflugzeuge Hs 128, welche die Basis für den Höhenaufklärer Hs 130 A bildeten. Von diesem Muster wurden etwa zehn Einheiten gefertigt, jedoch nie im Einsatz genutzt. Die ursprünglich mit DB 601 R ausgestatteten Flugzeuge dienten in der Folge für die Erprobung von Triebwerken den Typen DB 605 oder JUMO 208.
Neben der Hs 130 A entstand das Muster Hs 130 B. Es handelte sich hierbei um ein Höhenbomber-Projekt auf der Grundlage der A-Version.
Ein gänzlich anderes Erscheinungsbild bot die Hs 130 C. Auch hier handelte es sich um eine Höhenbomber-Konstruktion, jedoch in einer sehr unterschiedlichen Konfiguration, eine Neukonstruktion. Die Arbeiten an diesem Muster begannen spät im Jahre 1940. Auch in diesem Fall barg die Druckkabine eine vierköpfige Crew. Die Konstruktion derselben unterschied sich allerdings gravierend von der bisher in der Hs 130 zum Einsatz gekommenen Ausführung. Die neue Bauart entsprach mehr der des Musters Do 317, die wie berichtet, über einen mittels Streben unterteilten vollverglasten Rumpfbug verfügte.
Der in Ganzmetall-Schalenbauweise gefertigte Rumpf maß in der Gesamtlänge 18,57 m. Die Tragflächen waren im Gegensatz zur Hs 130 A in Schulterdecker-Anordnung mit dem Rumpf verbunden. Die Spannweite des trapezförmigen Tragwerks betrug 24,70 m bei einem Flächenmaß von 67,48 m^2. Im Fall des Musters Hs 130 C waren BMW 801 C-Motoren vorgesehen. Die V2 sollte sodann über den BMW 801 TJ verfügen. Für das Muster V3 war hingegen der DB 603 A vorgesehen. Ob eine Ausführung mit JUMO 222 durchgerechnet wurde, ist zwar wahrscheinlich, jedoch nicht belegt. Mehr ist bezüglich der bewaffnungstechnischen Ausstattung des Muster Hs 130 V3 in Erfahrung zu bringen:

- Ferngesteuerter A-Stand mit 2 x MG 131 unter dem Rumpfbug.
- Ferngesteuerter B-Stand mit 2 x MG 131 über der Druckkabine.
- Ein MG 15 im Rumpfheck.
- Die Bombenzuladung max. 4000 kg.

Die Summe aller Baugruppen und Einbauten sowie der Zuladung ergab ein maximales Startgewicht von 19 960 kg. Die Maximalgeschwindigkeit mit allerdings geringerer Zuladung in einer Flughöhe von 5100 m lag im Bereich von 513 km/h. Der rechnerische Wert in größeren Flughöhen steht bedauerlicherweise nicht zur Verfügung.
Ab 1941 befanden sich drei Versuchsmuster des Typs Hs 130 C im Bau. In wie weit deren Fertigstellung gediehen war, ist nur durch lückenhafte und widersprüchliche Informationen überliefert. Darf man den Quellen Glauben schenken, so soll zumindest einer der Prototypen mit BMW 801 TJ fertiggestellt worden sein. Der Vollständigkeit halber sollen noch die Muster Hs 130 D, ein Projekt mit zwei DB 616, sowie die Höhenbomber Hs 130 E, dessen Prototyp im September 1942 ertmals flog, erwähnt werden. Auch diese Ausführungen der Hs 130 erreichten niemals Serienstatus.

Soweit einige Ausführungen zu den Konkurrenzmustern der Ju 288 im Rahmen des Bomber B-Programms, welches an verschiedenen Krankheiten litt und letztendlich daran zugrunde ging. Am wesentlichsten schlug wohl das Motorenproblem, das damals allgegenwärtige Manko, zu Buche. Technische Schwierigkeiten im Bereich von konstruktionsbedingten Ursachen, gepaart mit zunehmender Materialverknappung sowie der Wechsel der Prioritäten ließen das zuerst so vielversprechende Programm im Sande verlaufen.

Das Mockup. So sollte die Ju 288 später einmal aussehen.

Technische Daten im Vergleich

Technische Daten	Arado 340	Do 317 B	Fw 191 A	Fw 191 B	Hs 130 C	Ju 288 A
Gesamtlänge	18,65 m	16,80 m	18,45 m	18,45 m	18,57 m	16,60 m
Größte Rumpfhöhe	5,15 m	5,45 m	4,80 m	4,80 m		4,60 m
Spannweite über alles	23,00 m	26,00 m	25,00 m	26,00 m	24,70 m	22,00 m
Flächeninhalt	69,00 m²		70,50 m²	75,00 m²	67,48 m²	60,00 m²
Flächenbelastung (b. max. Fluggew.)	258 kg/m²		278 kg/m²	317 kg/m²	266 kg/m²	288 kg/m²
Defensivbewaffnung	2 x Drehlafette mit MG 131 od. MG 151 3xMG 131 od. MG 151ferngest. als Heckstand	B-Stand mit 2 x MG 131 Ferngest.Turm (Oberseite) mit 2 x MG 131 Kinnturm mit 2 x MG 81 Ferngest. Hecklafette mit 1xMG 151/20	A-Stand 1xMG81Z B-Stand 1xFDL 151/81 C-Stand 1 xFDL 151/81 D-Stand 2xMG 81Z	A-Stand 1xMG 151 B-Stand 1xFDL 151/81 C-Stand 1x FDL MG 131 D-Stand entfernt H-Stand 1xMG 151 oder 2xMG 131	A-Stand ferngest. 2xMG 131 B-Stand ferngest. 2xMG 131 C-Stand 2xMG 131 H-Stand 1xMG 15	A-Stand entfällt B-Stand ferngest. 2xMG 131 C-Stand ferngest. 2xMG 131
Bomben (max.)	4000 kg	5600 kg (int.) 3600 kg (ext.)	2120 kg (int.) keine	2000 kg (int.) 1000 kg (ext.)	4000 kg (int.)	3000 kg (int.)
Motorentyp	JUMO 222	DB 610 A/B	JUMO 222	DB 610	DB 603 A	JUMO 222 A/B
Leistung	2000 PS	2870 PS	2000 PS	2950 PS	1750 PS	2000 PS
Rüstgewicht	11 680 kg		11 465 kg	16 500 kg		11 000 kg
Kraftstoff			4390 kg	4390 kg		3300 kg
Schmierstoff			350 kg	500 kg		300 kg
Abfluggewicht (max.)	17 800 kg	24 000 kg	19 575 kg	23 800 kg	19 958 kg	17 300 kg
Höchstgeschwindigkeit	500 km/h in 6000 m	669 km/h in 7620 m	620 km/h in 6350 m	635 km/h in 6350 m		645 km/h in 6000 m
Reisegeschwindigkeit	473 km/h in 8000 m	539 km/h	550 km/h in 6000 m	550 km/h in 6000 m		565 km/h in 6000 m
Dienstgipfelhöhe	8900 m	10 516 m	9700 m	8800 m	7925 m	10 300 m
Reichweite	3600 km	4000 km	3600 km	3050 km	3330 km	3850 km
Besatzung	4	4	4	4	4	3

Die Versuchsmuster Ju 288 V1-V108

Wie erwähnt, brachte die Ausschreibung zwei Favoriten hervor. Die Fw 191 ging technisch andere Wege als die bei Junkers entstandene Bomberkonstruktion, deren Entwicklung unter der Leitung von Professor Hertel stand. Die umfangreichen Bemühungen in den Bereichen Planung und Konstruktion trugen in Form der Ju 288 V1 ihre Früchte. Die von Professor Hertel genannten Termine, beispielsweise sprach er vom Flugklartermin der V1 im Oktober 1940, konnten unmöglich eingehalten werden. Der Anlauf der Serienproduktion wurde für Anfang 1942 geplant. Sein Chefkonstrukteur Ernst Zindel war hier ungleich weniger enthusiastisch. Zindel hatte wohl mehr Einblick in die Komplexität des Motorenbaus, kannte die dort herrschenden Schwierigkeiten. Deshalb war ihm klar, daß Professor Hertels Planungsvorstellungen all zu optimistisch waren. Bedauerlicherweise sollte Zindel recht behalten, wie die Misere um den JUMO 222 deutlich zeigte. Deshalb erhielten die ersten vier Prototypen den obligatorischen BMW 801 der »G«-Version. Mit zwei solchen Triebwerken wurde auch die Ju 288 V1 bestückt.

Doch bevor man bei Junkers in die Bauphase eintreten konnte, waren noch verschiedenste Hürden zu nehmen. Die Besichtigung des Ju 288-Mockups stand Ende November 1939 an. Die Auslegung wurde von den Vertretern des Technischen Amtes für gut befunden und Junkers erhielt »grünes Licht« für die Fortführung der weiteren Arbeiten. Die komplette Rumpfattrappe konnte vom RLM im Mai des Folgejahres begutachtet werden. Die Beurteilung schlug sich in Form eines Auftrages über drei Musterflugzeuge nieder. Diese positive Entwicklung voraussetzend, erteilte Professor Hertel bereits im Dezember 1939 die Anweisung mit der Teilefertigung der V1 zu beginnen. Die Ju 88-Prototypen V2 (D-AREN) und V5 (D-ATYU) wurden zuvor mit Ju 288-Rumpfvorderteilen umgerüstet, um damit erste Erfahrungen bezüglich des Flugverhaltens zu gewinnen. Die von den Flugkapitänen Holzbauer, Joop und Peuschen seit Sommer 1940 erflogenen Daten waren überwiegend ermutigend. In diesem Stadium wurden zudem zwei unterschiedliche Arten von Sturzflugbremsen getestet, da auch die Ju 288 über die schon obligatorische Sturzflugfähigkeit des deutschen Bombers verfügen sollte. Die Ju 288-Bruchzelle konnte im Herbst 1940 getestet werden.

Der große Moment für alle am Projekt beteiligten kam verspätet, nach der Durchführung zahlreicher Bodentests, gegen Ende Januar 1941. Die Ju 288 V1 stand zum Jungfernflug bereit. Nun galt es die großen Erwartungen, welche in diesen Flugzeugtyp gesetzt wurden, in der harten Realität der Erprobungsfliegerei zu bestätigen. Leistungsmäßig konnte die Ju 288, da nur mit BMW 801 ausgerüstet, den Hoffnungen nicht entsprechen. Zu groß war die Leistungsdifferenz zwischen dem BMW 801 und dem JUMO 222. Erst am 8. Oktober 1941 startete die erste mit stärkeren Triebwerken ausgestattete Ju 288 V5 zum Jungfernflug. Leistungsmäßig machte diese Ju 288 nun natürlich einen mächtigen Sprung nach vorne. Ein Umstand, der sich insbesondere in größeren Flughöhen sehr positiv auswirkte, da das Leistungsvermögen des BMW 801 dort von ursprünglich 1600 PS auf 1380 PS absank.

Betrachten wir nun die Geschehnisse um die zahlreichen Ju 288-Prototypen, welche in Gruppen mit jeweils gleicher Antriebstechnik vorgestellt werden.

Prototypen mit BMW 801

Ju 288 V1

Das Muster trug die Werknummer 2880001 und erhielt die Zivilzulassung D-AACS (andere Quellen nennen hier das Kennzeichen D-AOTF). Die Maschine absolvierte ihren Erstflug Ende Januar 1941. Ihr war lediglich ein kurzes Flugzeugleben beschert. Bereits im März 1941 ging sie im Erprobungsbetrieb durch Brand verloren.
Technische Merkmale:

- Ausstattung mit BMW 801 G-Motoren.
- VDM-Luftschrauben.
- Bewaffnung im B-Stand und C-2-Stand als Mockup.
- Drei-Mann-Höhenkammer.
- Abmessungen (Spannweite = 18,37 m, Länge = 16,45 m, Höhe = 4,70 m).

Seitenansicht des ersten Versuchsmusters, welches am 29. November 1940 erstmals flog.

Die Aufnahme verdeutlicht die schmale Rumpfform.

Die Druckkabine am Beispiel der Ju 288 V1. Die Kanzelstreben waren aus Stahl gefertigt. Im Hintergrund ist die Ju 88 V15 erkennbar.

Draufsicht der Ju 288 V1. Die Maschine wurde am Heck aufgebockt.

Hier trug die V1 bereits das Luftwaffenkleid in der Farbgebung RLM 70/71/65.

Dieselbe Szene aus rückwärtiger Richtung fotografiert.

Ein Brand und die daraus resultierende Notlandung verursachten diese schweren Beschädigungen.

Die Seitenflossen wurde mit einem roten Band mit weissem Kreis und schwarzem Hakenkreuz versehen. Die am Rumpf angebrachte Kennung D-AACS ist hier nicht erkennbar.

Die Tragflächen wurden jeweils an der Ober- und Unterseite mit der Zulassung D-AACS versehen.

Durch den Brand wurde die Struktur derart geschwächt, daß die Druckkabine nach unten wegbrach. Das Flugzeug wurden nicht mehr instandgesetzt.

Ju 288 V2

Die Maschine erhielt die Werknummer 2880002. Sie wurde unter der Zivilkennung D-ABWP registriert. Die V2 startete zwei Monate nach der V1 im März 1941 zu ihrem Jungfernflug. Im Zuge ihrer Verwendung erhielt das Erprobungsmuster das Kennzeichen BG+GR. Während des Testbetriebes kam es im Januar und Juli 1942 zu Fahrwerksbrüchen. Ob das Flugzeug nach dem zweiten Unfall nochmals instandgesetzt wurde, ist nicht bekannt.

Technische Merkmale:

- Ausstattung mit BMW 801 G-Motoren.
- VDM-Luftschrauben.
- Bewaffnung im B-Stand und C-2-Stand als Mockup.
- Drei-Mann-Höhenkammer.
- Lattenrostartige Sturzflugbremsen jeweils an der oberen und unteren Landeklappe (außen) montiert. Abmessungen (Spannweite = 20,20 m, Länge = 16,45 m, Höhe = 4,70 m)

Das zweite Versuchsmuster absolvierte seinen Jungfernflug am 1.März 1941.

Beachtenswert ist die lange am Bug befindliche Meßsonde, welche für bestimmte Tests benötigt wurde. Neben der Ju 288 V2 wurde die Ju 88 V16 (D-ACAR) abgestellt.

Die Ju 288 V2 erhielt die Zulassung D-ABWP.

Die Ju 288 V2 nach dem am 20. Juli 1942 erlittenen Fahrwerksbruch.

Die Auswertung ergab eine zu schwache Auslegung des Fahrwerks.

Ju 288 V3

Das V-Muster trug die Werknummer 2880003, als Zivilkennzeichen wurde D-ACTF zugeteilt. Außerdem später das Kennzeichen BG+GS. Die V3 startete erstmals am 18. April 1941. Die folgende Erprobung erstreckte sich bis Juni 1941. In Rechlin wurde die V3 erstmals Ende April getestet. Auch hier ließen die ersten Unfälle nicht auf sich warten. Wie bei der V2 war auch hier das Fahrwerk der Auslöser. Nach der ersten Bruchlandung wurde das Fahrwerk entsprechend verstärkt. Die gewählte Lösung befriedigte allerdings nicht. So zog man zunächst die Ju 88 V16 (D-ACAR) zur Fahrwerkserprobung heran. Die wieder instandgesetzte V3 wurde später umgebaut, erlitt aber bei einer weiteren Bruchlandung wiederum Schäden. Kurz zuvor absolvierte die Maschine ihren hundertsten Flug.

Technische Merkmale:
- Ausstattung mit BMW 801 G-Motoren.
- VDM-Luftschrauben.
- In Tarnewitz Tests mit verschiedensten Bewaffnungseinbauten, darunter der Hecklafette FA15. Zunächst Attrappen des B-, C2 und H-Standes.
- Drei-Mann-Höhenkammer.
- Geändertes Fahrwerk.
- Abmessungen (Spannweite = 22,00 m, Länge = 16,45 m, Höhe = 4,70 m).

Die Ju 288 V3 startete etwa eineinhalb Monate, genauer am 18.April 1941 zu ihrem Erstflug.

Dieses Bild der V3 ist bedauerlicherweise eine Fotomontage. Dennoch wird sie den Modellbauern bezüglich verschiedener Details an der Flugzeugunterseite gute Dienste leisten.

Auch die V3 trug das bisherige Lackierschema in 70/71/65 sowie das NS-Emblem auf den Seitenflossen. Der weiße Kreis wurde hier jedoch weiter nach hinten verschoben, so daß sich dieser auch auf den Ruderflächen befand.

Dieses Gruppenfoto dokumentiert einhundert Flüge der Ju 288 V3.

Ju 288 V4

Der Prototyp V4 (Werknummer 2880004) erhielt zunächst die Kennung D-ADVR, später das militärische Kennzeichen BG+GT. Das Flugzeug absolvierte am 17. Mai 1941 seinen Erstflug.
Die nachfolgende Erprobungsphase endete zunächst schon nach den ersten Flügen. Während eines Landeanfluges begann der Backbord-Motor zu brennen. Das Feuer breitete sich schnell aus und schädigte die Struktur. So brach während des Ausrollens aufgrund der geschwächten Längsträger der Bugteil des Flugzeugs nach unten weg. Die V4 konnte zwar gerettet werden, doch trug sie schwerste Schäden davon, deren Beseitigung den Zeitraum bis November 1941 in Anspruch nahm. Im Gegensatz zur Maschine kam die Besatzung hierbei glimpflich davon.

Technische Merkmale:

- Letztes V-Muster mit BMW 801 G-Motoren.
- VDM-Luftschrauben.
- Verzicht auf Sturzflugbremsen.
- Anstelle von Attrappen nun Waffeneinbau in den B- und C-Stand.
- Drei-Mann-Höhenkammer.
- Abmessungen (Spannweite = 20,20 m, Länge = 16,45 m, Höhe = 4,70 m).

Ju 288 V7

Dieses Flugzeug verließ im Juni 1942 als Werknummer 2880007 die Endmontage. Mit dem militärischen Kennzeichen BG+GW ging sie in den Testbetrieb. Der Erstflug wurde im Juli 1942 absolviert. Einen Monat darauf, genauer am 6. August, wurden mit dieser Maschine ausführliche Sturzflugtests bis zu einem Geschwindigkeitsniveau von 670 km/h durchgeführt. Technisch gesehen entsprach das Flugzeug in etwa dem Muster V6. Die Ausnahme bildete der BMW 801 C, welcher hier ebenfalls als Notlösung zum raren JUMO 222 zum Einbau kam. Zudem erhielt die Maschine einen neuen Heckbereich, entsprechend der B-Version. Hier allerdings mit einer Heckstand-Attrappe. Auch bei diesem Flugzeug kam es im Rahmen des Erprobungsprogramms zu einem Triebwerksbrand.

Technische Merkmale:

- Verwendung von BMW 801 C-Motoren.
- VDM-Luftschrauben.
- Waffeneinbau in Form von Attrappen in B- und C-Stand sowie Heckposition.
- Drei-Mann-Höhenkammer.
- Heckbereich der B-Ausführung.
- Abmessungen (Spannweite = 22,60 m, Länge = 18,10 m, Höhe = 5,00 m).

Im Gegensatz zu den mit JUMO 222 ausgerüsteten V5 und V6 erhielt die Ju 288 V7 den BMW 801 C. Im Bild die Maschine mit den Folgen eines Triebwerksbrandes.

Blick auf das Heck der Ju 288 V7, welche nachträglich mit dem Leitwerksbereich der B-Serie ausgestattet wurde. Rechts an der Fläche sind Wollfäden erkennbar, die das Strömungsverhalten aufzeigen sollten.

Ju 288 V10

Die Werknummer 2880010 ging mit dem militärischen Kennzeichen DF+CP in die Erprobung. Der genaue Zeitpunkt ist nicht ermittelbar (vermutlich Sommer 1942). Die V10 verfügte im Gegensatz zu den mit JUMO 222 ausgestatteten Mustern V8 und V9 über den Höhenmotor BMW 801 TJ. Gegenüber den bisher mit BMW 801 ausgestatteten Versuchsmustern war in größeren Flughöhen eine Leistungsverbesserung zu verzeichnen, wenngleich auch diese Daten nicht den Vorstellungen von Junkers und dem RLM entsprachen. Im Jahr 1943 wurde das Flugzeug für Tests bezüglich eines Lande-Höhenmessers genutzt.

Technische Merkmale:

- Installation des BMW 801 TJ mit Abgaslader für optimierte Höhenleistung.
- VDM-Luftschrauben.
- Waffeneinbau in Form von Attrappen in B- und C-Stand.
- Vier-Mann-Höhenkammer.
- Abmessungen (Spannweite = 22,60 m, Länge = 18,10 m, Höhe = 5,00 m).

Erprobungsflugzeuge mit JUMO 222

Ju 288 V5 (Erster Prototyp der A-Serie)

Das fünfte Versuchsmuster (Werknummer 2880005) trug die militärische Kennung BG+GU. Das Flugzeug verließ im Juli 1941 die Endmontage und startete am 8. Oktober erstmals in sein Element. Die V5 stellte das erste Muster mit den lange erwarteten JUMO 222-Motoren dar und diente in der Folge als Prototyp für die geplante Ju 288 A-Serie.

Technische Merkmale:
- Erstmalige Verwendung des JUMO 222 im Rahmen des Ju 288-Programms. Das Leistungsvermögen dieses Prototyps unterschied sich hierdurch erheblich gegenüber den bisherigen V-Mustern.
- VS 7-Luftschrauben (4-Blatt), Tunnelnabe.
- Waffeneinbau mit Attrappen in B- und C-Stand.
- Drei-Mann-Höhenkammer.
- Tragflächen ähnlich der V1.
- Abmessungen (Spannweite = 18,37m, Länge = 16,45 m, Höhe = 4,70 m).

Details der Triebwerksanlage am Beispiel der V5, der ersten mit JUMO 222 ausgestatteten Ju 288. Man beachte die Tunnelnabe.

Ju 288 V6

Gemäß dem Nummernsystem erhielt die V6 die Werknummer 2880006 sowie die Zivilkennung D-AFDN, welche später der militärischen Kennzeichnung BG+GV wich. Auch dieses Muster verfügte über den raren JUMO 222A/B. Neben der neuen Motorentechnik hielten auch zellenmäßige Neuerungen Einzug. Das RLM forderte nun eine Erhöhung der Nutzlast. Die Konstrukteure reagierten unter anderem mit der Vergrößerung der Spannweite auf 22,66 m. Das sechste V-Muster startete am 18. Januar 1942 zum Erstflug. Im Zuge der Erprobung ging die Maschine, bedingt durch eine aus einem Motorenbrand resultierende Notlandung, verloren. Die V6 wurde hierbei schwerstens beschädigt und mußte daher abgeschrieben werden.

Technische Merkmale:
- Verwendung des JUMO 222 A/B.
- VS 7-4-Blatt-Luftschrauben mit Tunnelnabe.
- Bewaffnung, bestehend aus 1 x MG 131 Z und Attrappen im C- und H-Stand.
- Drei-Mann-Höhenkammer.
- Neues, strukturell verstärktes und vergrößertes Tragwerk mit 22,60 m Spannweite und 64,70 m² Fläche.
- Neu gestaltete Querruder.

Ju 288 V8

In numerischer Reihenfolge erhielt die V8 die Werknummer 2880008. Die militärische Kennung lautete RD+MU. Die Maschine ging in ihrer Eigenschaft als dritter Prototyp der A-Reihe in die Erprobung. Das Flugzeug trug jedoch zu diesem Zeitpunkt bereits die Merkmale der nun favorisierten B-Serie. Das Muster flog erstmals im April 1942.
Bezüglich des weiteren Verbleibs stehen keine Informationen zur Verfügung.

Technische Merkmale:
- Verwendung des JUMO 222 A/B.
- VS 7-4-Blatt-Luftschrauben.
- Waffenstand-Attrappen in den Positionen B und C.
- Rumpfverlängerung gegenüber der Ju 288 V5.
- Drei-Mann-Höhenkammer.
- Abmessungen (Spannweite = 22,60 m, Länge = 18,10 m, Höhe = 5,00 m).

Die Ju 288 V8 im Bau. Die Maschine wurde mit JUMO 222 bestückt. Zudem verfügte sie über die Hecksektion der B-Variante. Der erste nachweisbare Flug fand am 3. September 1942 statt.

Ju 288 V9

Dieses Versuchsmuster trug die Werknummer 2880009. Es stellte das erste V-Muster der B-Serie dar und wurde mit dem militärischen Kennzeichen VE+QP in den Erprobungsbetrieb eingegliedert. Gravierende Änderungen kennzeichneten diese Konstruktion. Die verbreiterte Höhenkammer nahm nun ein viertes Besatzungsmitglied auf. Zudem erfolgte die Installation eines sogenannten »Kinnturmes«, welcher mit einem MG 151/20 bestückt wurde. Die Maschine startete am 2. Mai 1942 zu ihrem Jungfernflug. Bereits kurze Zeit darauf erfolgte die Überführung nach Rechlin, wo sie am 11. Mai erstmals vorgeflogen wurde.

Technische Merkmale:
- Einbau des JUMO 222 A/B. Später wurde die Ausführung C/D erprobt.
- VS 7-4-Blatt-Luftschrauben ohne Tunnelnabe.
- Waffenstand-Attrappen in den Positionen B und C.

Die Ju 288 V9 stellte den ersten Prototyp der B-Version dar. Die Maschine wurde im September 1941 geordert und absolvierte am 2. Mai des Folgejahres ihren Jungfernflug.

Die V9 trug ebenfalls einen Anstrich aus RLM 70/71/65. Die Hoheitszeichen waren schwarz unterlegt. Die an der Flächenunterseite angebrachte Kennung ist an den Rumpfseiten nicht erkennbar.

Auf diesem Bild ist die seitliche Verglasung an der 4-Mann-Kabine gut erkennbar.

- Rumpfverlängerung gegenüber der Ju 288 V5.
- Vier-Mann-Höhenkammer.
- Tragwerk der B-Serie.
- Heckbereich der B-Version.
- Abmessungen (Spannweite = 22,60 m, Länge = 18,10 m, Höhe = 5,00 m).

Ju 288 V12

Die V12, Werknummer 2880012, erhielt die militärische Registrierung DF+CR. Sie war gewissermaßen ein »Zwitter« zwischen A- und B-Ausführung mit Drei-Mann-Crewbereich, kombiniert mit Ju 288 B-Flugwerk. Das Muster flog erstmals im Juni 1942.

Technische Merkmale:
- Motorisierung mit JUMO 222 A/B.
- VS 7-4-Blatt-Luftschrauben.
- B-Waffenstand mit FDL 131Z.
- Rumpfverlängerung gegenüber der Ju 288 V5.
- Drei-Mann-Höhenkammer.
- Tragwerk der B-Serie.
- Heckbereich der B-Version.
- Abmessungen (Spannweite = 22,60 m, Länge = 18,10 m, Höhe = 5,00 m).

Die Ju 288 V12 im Bau. Sie flog erstmals im Juni 1942. Im Hintergrund ist die V13 erkennbar.

Ju 288 V14

Die Werknummer 2880014 erhielt parallel hierzu die Bezeichnung V14 (DF+CT).
Die V14 stellte die letzte mit JUMO 222 A/B-Triebwerken ausgestattete Ju 288 dar. Die Maschine verließ im August 1942 als letztes V-Muster der B-Serie die Endmontage. Der Erstflug wurde vermutlich im September 1942 absolviert. Die nachfolgende Erprobungsphase gestaltete sich erfolgreich, so daß das RLM bereits einen Serienauftrag mit den sogenannten »Ausweichmotoren« des Typs DB 606 ins Auge faßte. Weitere Details zu diesem Flugzeug sind derzeit nicht bekannt.

Technische Merkmale:
- Ausstattung mit JUMO 222 A/B.
- VS 7-4-Blatt-Luftschrauben.
- Waffenstand-Attrappen (B- und C-Stand).
- Vier-Mann-Höhenkammer.
- Abmessungen (Spannweite = 22,60 m, Länge = 18,10 m, Höhe = 5,00 m).

Die mit JUMO 222 ausgerüstete V14 startete vermutlich im September 1942 zum Erstflug. Auch sie trug den damals üblichen Sichtschutz in RLM 70/71/65 sowie das Kennzeichen DF+CT.

Versuchsmuster mit DB 606

Ju 288 V11 (Prototyp B-Serie)

Die Ju 288 V11, Werknummer 288 0011, stellte die erste mit DB 606 ausgerüstete Ju 288 dar. Ihr wurde das Zivilkennzeichen D-ANXN zugeteilt, später trug sie die Kennung DF+CQ. Das Flugzeug verließ im Mai 1942 die Endmonta-

Die Ju 288 V11 wurde im Mai 1942 flugklar gemeldet. Der Erstflug fand hingegen erst im Juli statt.

Die V11 erhielt als erste Ju 288 Motoren des Typs DB 606. Man beachte die Breite der Motorenverkleidung. Die Aufnahme zeigt die Maschine während eines Fahrwerkstests.

ge und absolvierte ihren Erstflug im Juli desselben Jahres. Mächtige Doppeltriebwerke hingen in den Motorgondeln. Der als JUMO-Ersatz gewählte DB 606 bestand aus zwei gekuppelten DB 601, wo somit 2700 PS auf eine gemeinsame Welle wirkten. Eine respektable Leistung, dennoch stellten solche Motoren lediglich eine Notlösung dar. Im Zuge der Erprobung gab es mit diesen Motoren auch keine größeren Probleme. Dieses DB 606-Musterflugzeug stand folglich in der Dauererprobung. Ein weiteres Novum bei diesem Flugzeug war die erstmalige Installation der FDL-131 Z-Lafette (B-Stand). Auch die nachfolgende V12 sollte über diesen Waffeneinbau verfügen.

Das Foto zeigt die verbreiterte Form der 4-Mann-Höhenkammer.

Technische Merkmale:
- Erstmalige Verwendung des DB 606 A/B im Ju 288-Programm.
- VDM 4-Blatt-Luftschrauben.
- Einführung der durch die Breite des Motors diktierte neuartige, ungewöhnlich breite Cowling.
- Waffeneinbau in Form der B-Stand-Lafette FDL-131 Z.
- Vier-Mann-Höhenkammer.
- Abmessungen (Spannweite = 22,60 m, Länge = 18,10 m, Höhe = 5,00 m).

Ju 288 V13 (Prototyp B-Serie)

Die Maschine verließ als Werknummer 2880013 die Montagehalle und erhielt die Kennung DF+CS.
Sie flog erstmals im September 1942 und diente während ihres kurzen Flugzeuglebens hauptsächlich in der Waffenerprobung. Bereits am 16. Mai des Folgejahres erlitt die V13 bei einer durch Motorschaden verursachten Bruchlandung schwerste Beschädigungen. Das Flugzeug wurde daraufhin abgeschrieben.

Technische Merkmale:
- Verwendung des DB 606 A/B (A = linkslaufend, B = rechtslaufend).
- VDM 4-Blatt-Luftschrauben.
- Diverse Waffeneinbauten, darunter ein neuer Heckstand.
- Vier-Mann-Höhenkammer.
- Abmessungen (Spannweite = 22,60 m, Länge = 18,10 m, Höhe = 5,00 m).

Etwa sieben Monate nach ihrem Erstflug wurde die Ju 288 V13 am 16. Mai 1943 bei einer Bruchlandung schwer beschädigt.

Die V13 pflügte während ihrer unsanften Landung durch ein Getreidefeld.

Der am Portalkran hängende Kabinenteil wird vom Rumpf getrennt. Bis zu ihrem Unfall diente die V13 auch zur Erprobung der Heckbewaffnung.

Blick auf den Heckbereich der V13. Ihre Spur ist kaum zu übersehen. Quer zur Landerichtung verlief eine Hochspannungsleitung (siehe r. o.).

Hier ist die Trennstelle Kabine/Rumpf erkennbar. Das Flugzeug (V13) wurde als Totalschaden abgeschrieben.

Das Cockpit der Ju 288 V13.

Ju 288 V101

Hierbei handelte es sich nicht etwa um das 101. Versuchsmuster. Diese Zahl weist lediglich die letzten drei Stellen der Seriennummer aus (W.-Nr. 2880101, Kennung BG+GX). Gemäß der bisherigen Folge hätte sie mit V15 bezeichnet werden müssen. Die V101, erster Prototyp der C-Version, absolvierte ihren Erstflug am 30. Oktober 1942. Schon wenige Tage darauf wurde sie Hermann Göring persönlich vorgeführt. Im gleichen Monat verließ Professor Hertel die Junkers-Werke, um neue (eigentlich alte) Aufgaben bei Heinkel als Technischer Kommissar im He 177-Programm wahrzunehmen. Heinkel war von dieser Idee sicher alles andere als entzückt.
Die während der Tests erflogenen Daten waren im Wesentlichen zufriedenstellend.

Technische Merkmale:
- Verwendung des DB 606 A/B.
- VDM 4-Blatt-Luftschrauben.
- Einbau eines bemannten Heckstandes des Typs HL 131 V mit 4 x MG 131.
- Vier-Mann-Höhenkammer, plus ein Mann im Heckstand.

- Verstärkung der Zellenstruktur.
- Erhöhung der Spannweite auf 22,99 m.
- Verlängerung des Rumpfvorderteils.
- Optimierung der Cockpit-Instrumentierung.
- Abmessungen (Spannweite = 22,60/22,99* m, Länge = 18,15 m, Höhe = 5,00 m).

Das Muster V101 stellte den ersten Prototyp der C-Version dar. Sie flog erstmals am 30. Oktober 1942. Im Hintergrund befindet sich die Ju 288 V5.

Das Rumpfmittelteil der Ju 288 V101 aus rückwärtiger Richtung betrachtet.

Ju 288 V102

Diesem Prototyp (W.-Nr. 2880102, BG+BY) wird in der Einschlägigen Literatur meist der DB 606 zugeordnet. Eine Publikation (Wagner: Hugo Junkers, Pionier der Luftfahrt, Bernard Graefe Verlag, Bonn) erwähnt in diesem Zusammenhang die Verwendung des DB 610. Die V102 stand im Juni 1943 zu ihrem Erstflug bereit. Sie diente in der Folge als zweites V-Muster im Rahmen der Ju 288 C-Erprobung. Sie entsprach im Wesentlichen der V101.

Technische Merkmale:
- Verwendung des DB 606 A/B, andererseits findet auch der DB 610 Erwähnung (s.o.).
- VDM 4-Blatt-Luftschrauben.
- Vermutlich auch hier Einbau eines bemannten Heckstands des Typs HL 131 V.
- Vier-Mann-Höhenkammer.
- Abmessungen (Spannweite = 22,60/22,99* m, Länge = 18,15 m, Höhe = 5,00 m).

Das Cockpit der Ju 288 V102.

Testmaschinen mit DB 610

Ju 288 V103

Die V103 diente als Musterflugzeug der Ausführung Ju 288 C-1. Der Erstflug fand im Frühjahr 1943 statt. Auch dieses Flugzeug wurde Göring präsentiert. Die aufgetretenen Mängel an der V101 und V102 wurden mit dem dritten V-Muster dieser Reihe beseitigt. Die V103 war zudem die erste Ju 288, welche über die volle Bewaffnung verfügte.
Sie trug die militärische Kennung DE+ZZ.

Technische Merkmale:
- Verwendung des DB 610 A/B.
- VDM 4-Blatt-Luftschrauben.
- Volle Bewaffnung bestehend aus: 1 x MG 131 Z (B-Stand), 1 x MG 131 Z (C1-Stand), 1 x MG 131 Z (C2-Stand),
  1 x FHL 151 (H-Stand). Außenlastträger unter dem Tragwerk.
- Vier-Mann-Höhenkammer.
- Abmessungen (Spannweite = 22,60/22,99* m, Länge = 18,15 m, Höhe = 5,00 m).

Die V103 diente als Musterflugzeug für die C1-Serie.

Dieselbe Aufnahme in retuschierter Form. Eine interessante Gegenüberstellung.

Die V103 erhielt als erste Ju 288-Doppelmotoren des Typs DB 610, welche in der He 177 für erheblichen Ärger sorgten.

Auf diesem Foto ist die vorgesehene Vollbewaffnung noch nicht installiert.

Ju 288 V104

Auch dieses Flugzeug diente als Musterflugzeug für die C-1-Version. Der Erstflug wird mit Mai 1943 angegeben. Das entsprechende Kennzeichen ist nicht bekannt.

Technische Merkmale:

- Verwendung des DB 610 A/B.
- VDM 4-Blatt-Luftschrauben.
- Bewaffnung bestehend aus: 1 x MG 131 Z (B-Stand), 1 x MG 131 Z (C1-Stand), 1 x MG 131 Z (C2-Stand), 1 x FHL 151 (H-Stand).
- geänderte Sturzflugbremsen.
- Außenlastträger unter dem Tragwerk.
- Vier-Mann-Höhenkammer.
- Abmessungen (Spannweite = 22,60/22,99* m, Länge = 18,15 m, Höhe = 5,00 m).

Das Rumpfmittelteil der Ju 288 V104, welche wie V103 mit DB 610-Motoren ausgerüstet wurde. Sie erhielt verstärkte Sturzflugbremsen.

Ju 288 V105

Entsprechend der V104 flog auch die V105 erstmals im Mai 1943. In seiner Auslegung war dieser Prototyp, bis auf Details, seinem numerischen Vorgänger gleich. Auch in diesem Fall ist das Kennzeichen unbekannt.

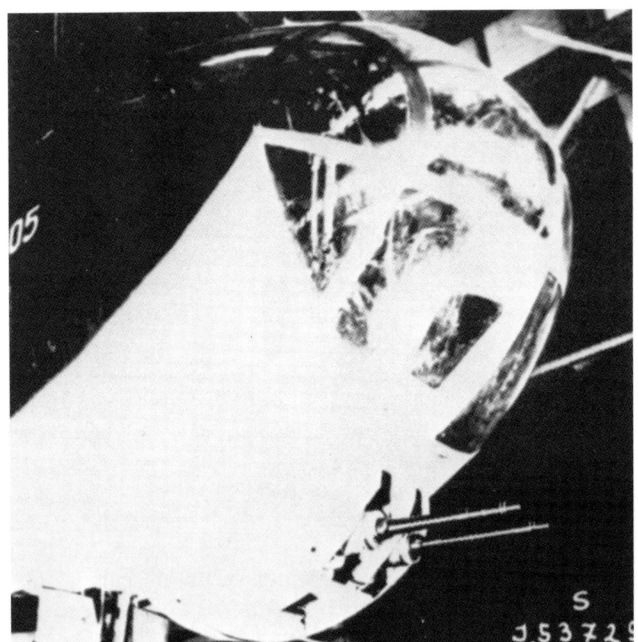

Der Bugbereich der V105 mit dem waffenbestückten C-1-Stand.

* Die Ju 288 mit 22,99 m Spannweite wurde in einer Werkszeichnung dargestellt.

Ju 288 V106

Wohl auch dieses Flugzeug absolvierte seinen Erstflug im Mai 1943. Die Maschine trug die militärische Kennung BS+CA. Dokumente belegen Flüge im Zeitraum vom 17. Mai – 2. Oktober 1943. Die V106 entsprach, verschiedene Details ausgenommen, der Ju 288 V105.

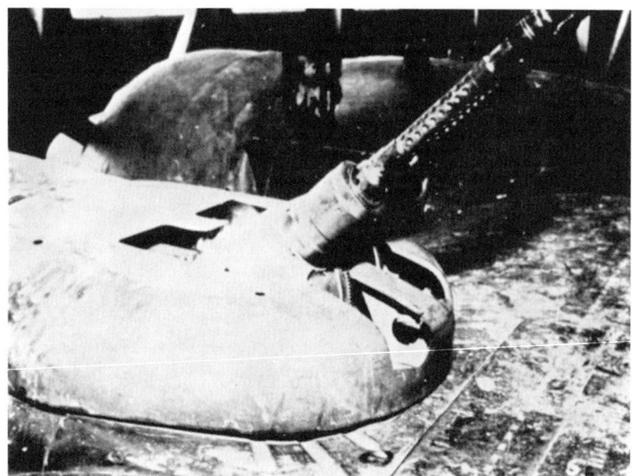

Der B-Stand des Musters V106, die im Mai 1943 zum Erstflug startete.

Ju 288 V107

Einen Monat nachdem die Prototypen V103-V106 flogen, startete auch die V107 zum Erstflug. Im Zeitraum vom 23. Juli bis 27. November 1943 sind weitere Flüge dokumentiert. Im Zuge der Erprobungstätigkeit erlitt die BS+CB im Juli 1943 während der Landung einen Fahrwerksbruch. Die Maschine konnte jedoch wieder instandgesetzt werden.

Technische Merkmale:

- Ausstattung mit DB 610 A/B.
- VDM 4-Blatt-Luftschrauben.
- Bewaffnet mit Kinnturm (C1-Stand) und FDL 131 Z (B-Stand). Die Installation der vollen Bewaffnung ist nicht nachweisbar.
- Wahrscheinlich Außenlastträger unter dem Tragwerk.
- Vier-Mann-Höhenkammer.
- Abmessungen (Spannweite =22,60/22,99* m, Länge = 18,15 m, Höhe = 5,00 m).

Die V107 während eines Fahrwerkstests.

Ju 288 V108

Das Muster V108 (BS+CC) flog erstmals am 9. Oktober 1943 und stand bis Mai 1944 in der Erprobung. Die Maschine ging aufgrund eines Motor-/Fahrwerkschadens bei einer Bruchlandung verloren. Die Konfiguration der V108 entsprach weitgehend ihrem Vorgänger.

Fazit: Bei der Beendigung der Testreihen gegen Mitte 1944 hatten 17 von 22 Prototypen Beschädigungen verschiedener Kategorien erlitten. Diese Maschinen fielen fortan der Verschrotttung anheim. Lediglich 5 V-Muster überlebten die umfangreiche und für das Material sehr strapaziöse Flugerprobung. Alle noch im Bau befindlichen Flugzeuge sollten ebenfalls verschrottet worden sein. Drei der zur Verfügung stehenden Prototypen, bezeichnet als V201-V203, wurden der Luftwaffe überstellt. Diese ließ die Flugzeuge in eigenen Werften teils mit einer großkalibrigen Bewaffnung ausstatten oder für Sonderaufgaben umrüsten.

Eine Kombination aus Motor- und Fahrwerksschaden war für die Bruchlandung der V108 verantwortlich.

Die Bruchbergung. Die steuerbordseitige Luftschraube ist bereits abmontiert, der andere stark verformte Metallpropeller befindet sich noch auf der Welle.

Auf dieser Heckansicht ist die Schrägstellung der Seitenflossen gut erkennbar.

Ju 288 V201-V203

Die tatsächlichen Werknummern dieser Maschinen bleiben unbekannt. Der erstgenannte Prototyp erhielt in einer Luftwaffenwerft eine bei Rheinmetall konstruierte sogenannte Lafetten-Rücklaufkanone vom Riesenkaliber 365 mm. Hierbei wurde beim Abfeuern die entstehende Energie, welche das Flugzeug zweifellos zermalmt hätte, sofort vernichtet. Die entsprechenden Geschoße brachten stolze 400 kg auf die Waage und konnten auf eine Entfernung bis 4 km verschossen werden. Das Geschütz basierte auf MK 113, natürlich in wesentlich monströserer Form. Ein ähnliches Projekt stand 1940/41 zur Debatte, die Ju 288 G.
Von den beiden anderen Prototypen wurde bekannt, daß sie zur Panzerjagd mit der BK 5 (KwK39) in ähnlicher Weise wie die Ju 88 P ausgestattet wurden. Die Maschinen sollen sogar an der Ostfront noch eingesetzt worden sein! Eine Meldung, die ins Reich der Fabel gehört?

Geplante Serienversionen des Musters Ju 288

Junkers Ju 288 A

Das erste Flugzeug, welches in dieser Konfiguration entstand, stellte die Ju 288 V5 dar. Entsprechend der V5 sollten auch die nachfolgenden Prototypen sowie die Ju 288 A-Serie mit JUMO 222-Triebwerken ausgestattet werden. Wie bereits festgestellt, gelang es nur mit entsprechenden Versuchsmustern dieses Ziel zu erreichen. Somit war die Ju 288 A mit all ihren enthusiastischen Produktionsplänen zum Scheitern verurteilt. Wenden wir und nun der Technik dieses Musters zu.

In den Kriterien Abmessung und Gewicht wies die A-Version im Vergleich zu ihren Nachfolgern die geringsten Werte auf. Die Rumpflänge des mit noch schmalem, der Rumpfbreite entsprechendem Besatzungsraumes ausgestattete Baureihe maß 16,60 m. Der Flügel mit 22,00 m Spannweite verfügte über einen Flächeninhalt von 60,00 m². Die Rüstmasse von 11 000 kg steigerte sich mit 6300 kg auf ein Startgewicht von 17 300 kg. Die nachfolgende Version sollte bis zu 4,5 Tonnen Mehrgewicht beinhalten. In der Disziplin Höchstgeschwindigkeit lag die A-Baureihe mit 645 km/h (6000 m) 20 km/h über der B-Version. Auch in der Bewertung der Reichweite (3850 km) und Dienstgipfelhöhe (10 300 m) war sie ihrem ungleich gewichtigeren Nachfolger deutlich überlegen. Mehr Details zur Technik der Ju 288 A befindet sich im nächsten Kapitel.

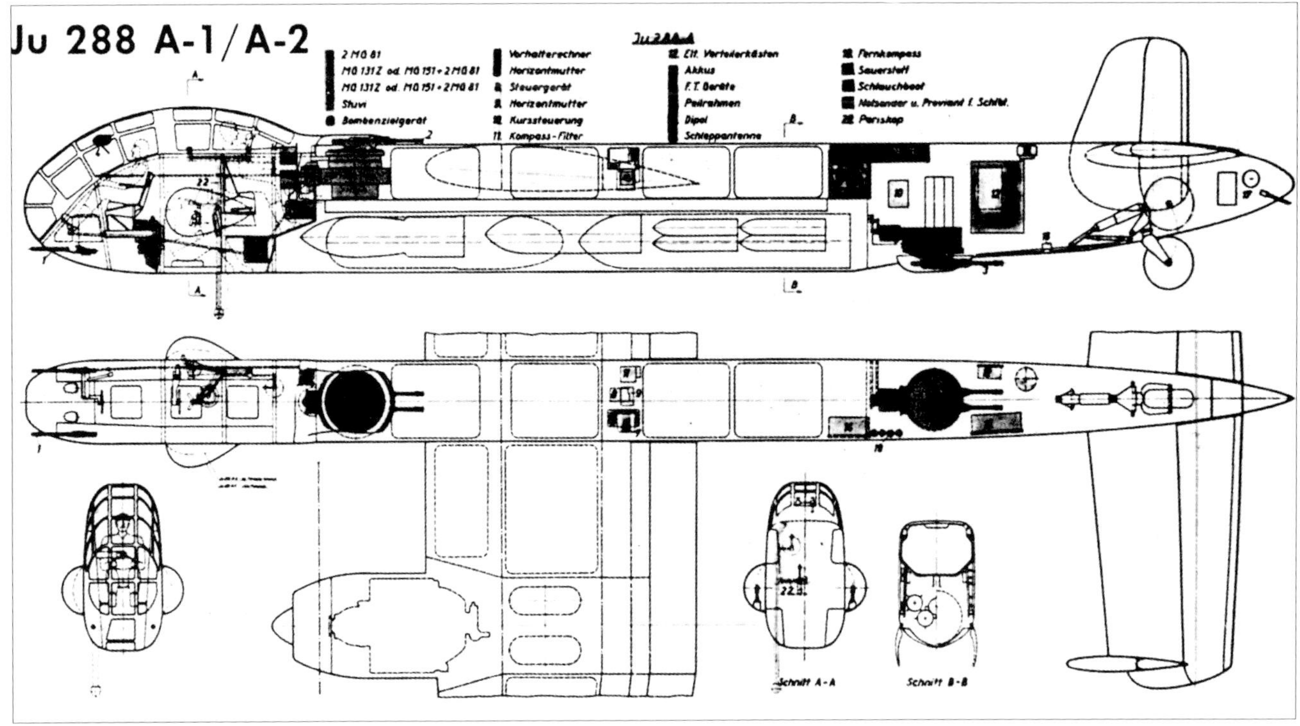

Detailansichten der Ju 288 A-1 / A-2-Reihe.

Junkers Ju 288 B

Auch diese Ausführung der Ju 288 wurde nur in Form von Prototypen verwirklicht. Auch sie sollte als Antriebsquelle den JUMO 222 erhalten. Im Fall der B-Version war sogar die ungleich leistungsfähigere Ausführung E/F vorgesehen. Die wesentlichen Merkmale der Ju 288 B, deren erster Prototyp die V14 darstellte:

- Die Länge des Rumpfes erhöhte sich, die ovale Form beibehaltend auf 18,10 m. Die Ausnahme war hierbei der breitere, nun viersitzige Crewbereich, welcher ebenfalls als Druckkabine ausgelegt war. Die Rumpfform bildete aufgrund des gedrungener wirkenden und verbreiterten Crewbereichs eine Keulenform. Die beidseitigen Blisterhauben wichen einer gänzlich anderen Lösung (siehe Abbildung).
- Der Leitwerksbereich erfuhr im Zuge der Entwicklung des B-Musters (Beispiel V14) drastische Änderungen. Im Fall des Seitenleitwerks wurde die Form desselben sowie die V-Stellung geändert. Waren die Seitenflossen bei der Ju 288 A senkrecht montiert, so zeigten die Strömungsflächen der B-Version jetzt eine Neigung nach innen. Zudem wurde die Form der Seitenruder geändert, welche nun die gesamte Länge der Flossenhinterkante beanspruchten. Da die Seitenflossen plan den Abschluß des Höhenleitwerks bildeten, war auch eine Neugestaltung der entsprechenden Ruder notwendig. Die Einführung erfolgte mit Ju 288 V8. Der Heckkonus der Ju 288 A entfiel zugunsten eines ferngesteuerten Waffenstands.

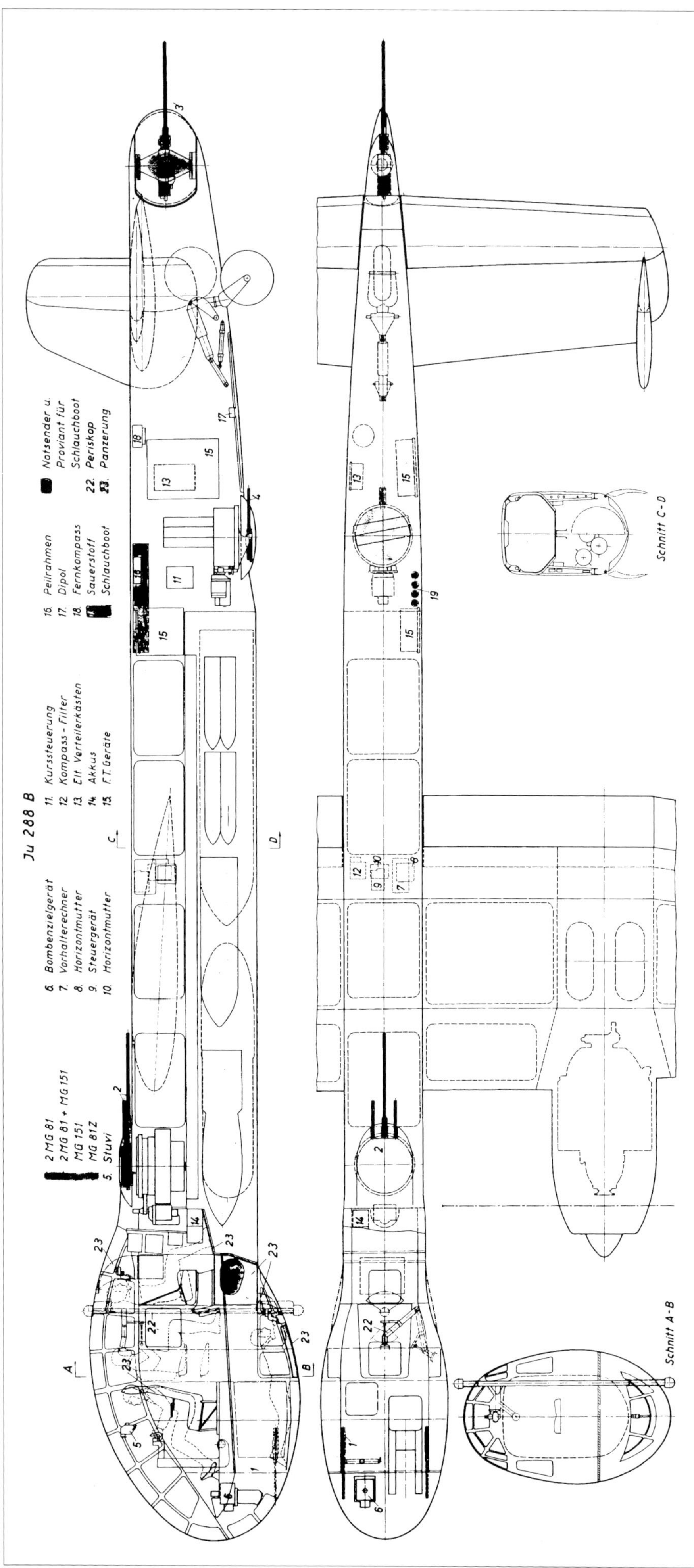

- Auch das Tragwerk der Ju 288 B wies gegenüber der »A« gravierende Änderungen auf. Schon die Optik wich voneinander ab. Die Vorderkante der Außenflächen bildete nun eine große durchgezogene Linie. Die Ju 288 A-Flächen bildeten hier im letzten Drittel einen Knick. Dieser neue Flügel maß 22,60 m in der Spannweite, bei 64,70 m² Flächeninhalt (Streckung 7,9). Auch die Ju 288 V6, V7 und V8 verfügten über diesen Flügel. Die Änderungen machten auch eine Neukonstruktion der Querruder und Landeklappen unumgänglich. Auch die Bauart der Sturzflugbremsen änderte sich drastisch (siehe Zeichnung links). Die ursprüngliche, mehr geschwungene Flächenhinterkante wich nun einer im wesentlichen geradlinigen Bauart.
- Die Antriebsquelle der Ju 288 B sollte, wie bereits erwähnt, der JUMO 222 E/F bilden. Auch hier bestanden die gleichen Probleme wie im Fall der Ausführung A/B. Diese Entwicklungsstufe des JUMO 222 erreichte eine Leistung von 2500 PS. Dies entspricht 500 PS Leistungssteigerung gegenüber dem JUMO 222 A/B.
- Das Treibstoffsystem der Ju 288 B gestaltete sich aus sechs Flächentanks (2 x 720 l, 2 x 660 l, 2 x 400 l) mit einem Gesamtfassungsvermögen von 3560 l. Hinzu addierten sich vier Rumpftanks mit 4 x 450 l (1800 l). Im Gesamten betrug die interne Kapazität 5360 l. Der Treibstoff (B4) wurde stetig auf die ersten beiden Rumpftanks (Entnahmebehälter) umgepumpt. Zur Erhöhung der Reichweite konnten zudem 2 x 900 l fassende Abwurftanks an Unterflügelstationen mitgeführt werden. Diese waren auch für Bomben nutzbar. Gesamtmenge: 7160 l.
- Zur Mitnahme des Schmierstoffs standen im Flächenmittelstück (Flügelnase) je Seite ein 230 l fassenden Behälter zur Verfügung. Die Gesamtkapazität betrug hier 460 l. Gemäß einer in einem späten Stadium erstellten Übersichtszeichnung der Ju 288 A gelten die Angaben für Treib- und Schmierstoff auch für diese Baureihe.
- Die Ju 288 B-Maschinen mit JUMO 222 verfügten über Luftschrauben des Typs VS 7. V-Muster mit BMW 801 oder DB 606/-610 waren mit VDM-Propeller bestückt.
- Die rollende Komponente der Ju 288 B bestand aus doppeltbereiften Hauptfahrwerksbeinen, installiert in 5,5 m Spurweite. Die Doppelbremsräder (1015 x 380) waren an einer durchgehenden Achse gelagert. Das erhöhte Gewicht erforderte gegenüber der A-Serie Reifen mit größerer Abmessung. Ansonsten waren in diesem Bereich keine gravierenden Änderungen zur A-Version. Der Sporn verfügte bei der Ju 288 A sowie B über Räder der Abmessung 630 x 220.

Die Konfiguration der Ju 288 B.

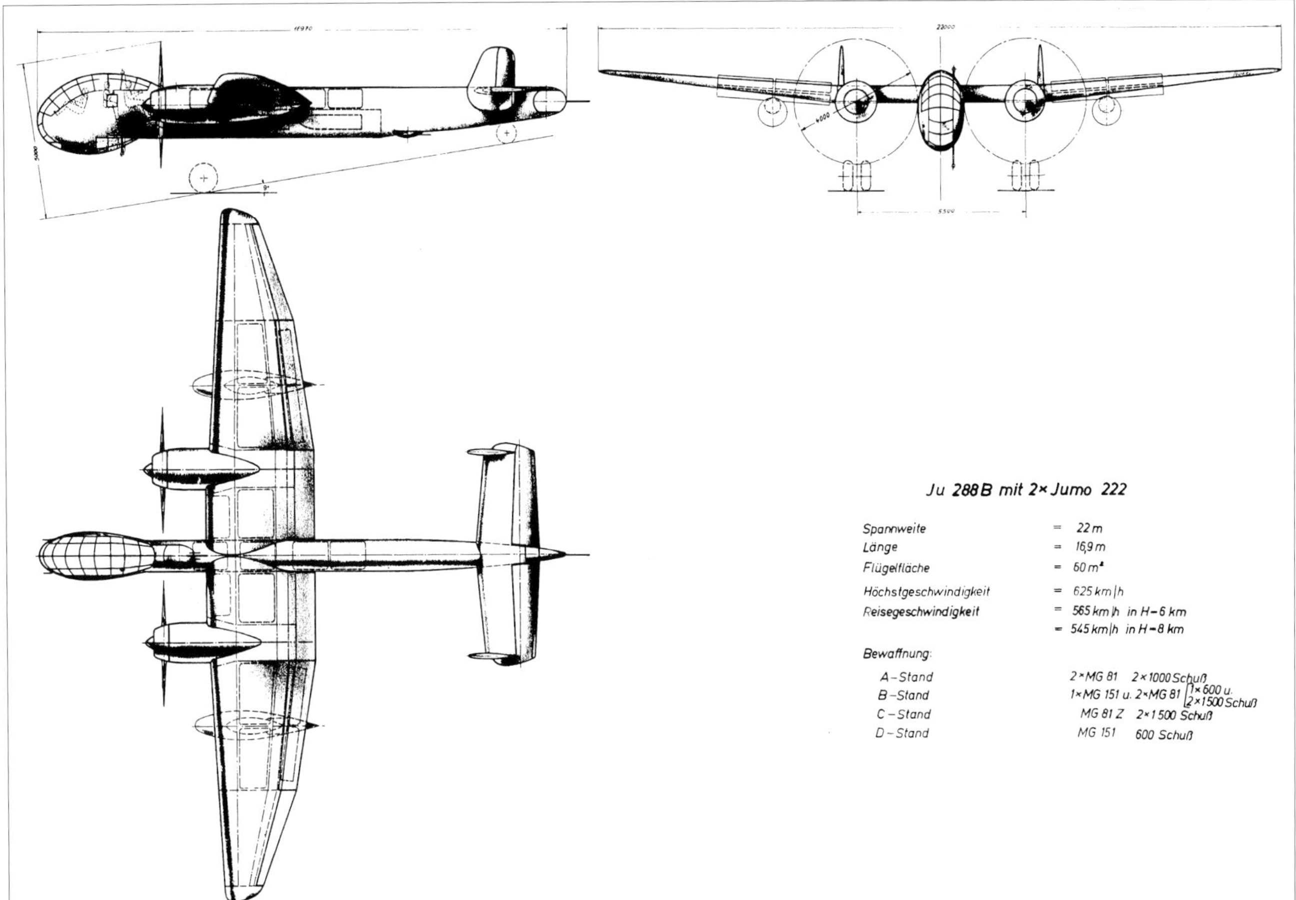

Eine Dreiseiten-Ansicht der Ju 288 B.

- Die militärische Ausrüstung der Ju 288 B wurde gegenüber dem A-Muster wesentlich verstärkt. Die Ausstattung der entsprechenden Prototypen variierte stark. Bewaffnung nach Ju 288 B-Standard: In der ersten Variante sah man im B- und C-Stand je ein MG 131 Z vor. Die Heckposition sollte mit einem MG 151 bestückt werden. In der Folge sollte dann im Fall des B-Standes 1 x MG 151 und 2 x MG 81 sowie im C-Stand beziehungsweise Heckstand je ein MG 131 Z Verwendung finden. Die maximale Bombenzuladung, welche eine große Variation von Beladungsmöglichkeiten ohne Umrüstung des Bombenschachtes beinhaltete, betrug 3000 kg.

Junkers Ju 288 C

Als dritte Serienversion sollte die Ju 288 C entstehen. Professor Hertel änderte abermals die Konstruktion der Ju 288. In diesem Stadium hatte diese jedoch nur noch wenig mit dem ursprünglichen Konzept des »Bomber B« gemeinsam. Erneute zellenmäßige Änderungen und Umgestaltungen im Antriebsbereich führten zu einem Flugzeug, das nun den dritten Entwicklungsschritt darstellte. Die entsprechende Konfiguration der Ju 288 C sollte mit den V-Mustern V101-V108 in der Praxis getestet werden. Auch diese Prototypen variierten in ihrer Ausstattung oft erheblich. Die Ju 288 C wurde in drei Varianten ausgearbeitet (C-1, C-2, C-3). Doch auch hier blieb in Bezug auf die Serienfertigung nur der Wunsch Vater des Gedankens. Nachfolgend die Merkmale der Ju 288 C sowie die Unterschiede zum Vorgängermuster:

- Die Rumpflänge erhöhte sich gegenüber der »B« geringfügig um 5 cm auf 18,15 m. Hinzu kamen strukturelle Verstärkungen.

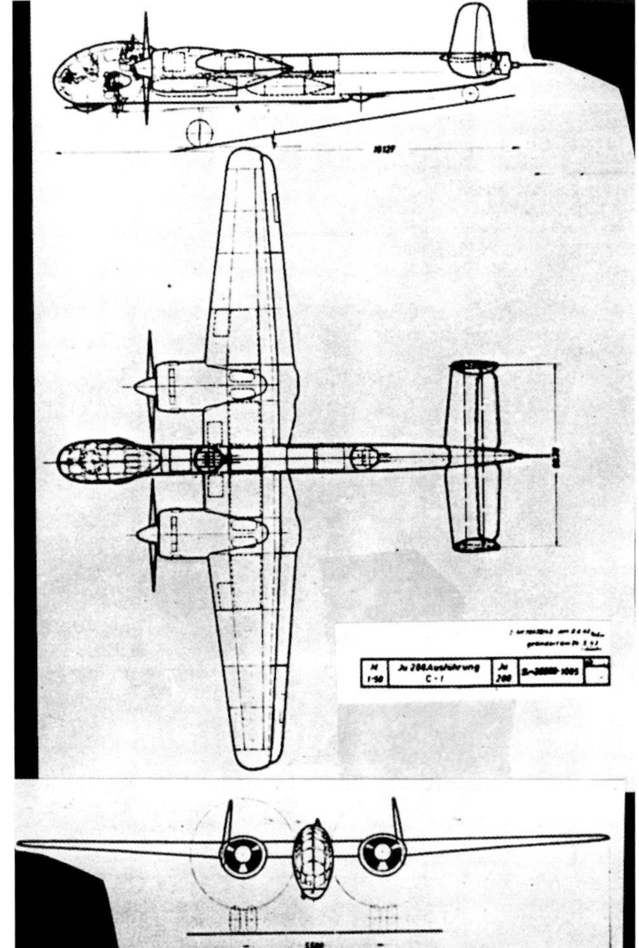

Im Vergleich hierzu die Ansicht der Ju 288 C-1.

- Die Vier-Mann-Höhenkammer der Ju 288 B blieb mit Ausnahme kleinerer Änderungen beibehalten, desgleichen der Leitwerksbereich.
- Gravierende Änderungen erfuhr hingegen das Tragwerk. Die Spannweite desselben wurde später auf 22,99 m erhöht. Parallel hierzu vergrößerte sich der Flächeninhalt. Diese Änderung ist durch eine Werkszeichnung belegt. Verschiedentlich wird in anderen Publikationen eine Spannweite von 22,60 m genannt. Die ursprüngliche Spannweite wurde höchstwahrscheinlich bei allen V-Mustern beibehalten.
- Die Sturzflugklappen wurden ebenfalls verstärkt.
- Im Fall der Ju 288 C sollte der »Ausweichmotor« DB 610 zur Verwendung kommen. Ein Doppeltriebwerk mit 2950 PS, das in der He 177 für fatale Unfälle und für sonstigen, nicht unbeträchtlichen Ärger verantwortlich war. Im Rahmen des Ju 288-Programms bescheinigten die Piloten dem DB 610 jedoch meist eine ungleich größere Zuverlässigkeit. Die Prototypen V101 und V102 waren noch mit DM 606 bestückt worden, die Muster V103 bis V108 erhielten den DB 610. Ein Motor mit nicht unbeträchtlichen Nachteilen, zu schwer und zudem einen großen Stirnwiderstand erzeugend.
- Das Treibstoffsystem der Ju 288 C entsprach in der Anordnung der B-Version. Es war jedoch auch eine Erhöhung der Spritmenge auf 8650 l (inklusive 2 x 900-l-Abwurftanks) vorgesehen. Auch die Schmierstoffmenge sollte gesteigert werden.
- Die Motorenenergie wurde auf vierblättrige Luftschrauben des Typs VDM übertragen.
- Das Fahrwerk entsprach weitgehend der Ju 288 B, welches nun ein Abfluggewicht von 21 800 kg zu tragen hatte (Vergleich hierzu: Ju 288 A = 17 300 kg, Ju 288 B = 21 200 kg). Die Abmessungen der bei den B- und C-Versionen verwendeten Räder waren identisch.
- Im Fall der Ju 288 C wurde die Abwehrbewaffnung abermals verstärkt (1 x MG 131 Z [B-Stand], 1 x MG 131 Z [C1-Stand], 1 x MG 131 Z [C2-Stand], 1 x MG 151 [H-Stand]). Die Angaben entsprechen C-1-Standard. Die interne Zuladung an Kampfmitteln entsprach dem Vorgängermuster.

Die Abwehrbewaffung der anderen C-Varianten:

- Ju 288 C-2: 2 x MG 151 (B-Stand), 2 x MG 151 (C 1-Stand), 2 x MG 151 C2-Stand, 1 x HL 131 V (H-Stand), wahlweise hier FHL 131 Z.
- Ju 288 C-3: Dieser projektierte Nachtbomber verfügte lediglich über 1 x MG 131 Z in der C2-Position.

Die Planungen fanden mit dem C-Muster keinesfalls ihr Ende. Erwähnenswert sind in diesem Zusammenhang noch die Projekte Ju 288 D, -G sowie ein Ju 288-Höhenbomber.

Junkers Ju 288 D

Dieses Muster stellte einen schwer bewaffneten Bomber dar, welcher mit der leistungsgesteigerten Ausführung des DB 610 (C/D) mit 3100 PS ausgestattet werden sollte. Die Bewaffnung gestaltete sich aus 1 x MG 131 Z (B-Stand) und je 1 x MG 131 Z (C1 und C2-Stand). Die Abwehrbewaffnung dieser Version wäre durch den Heckstand HL 131 V (mit 4 x MG 131) verstärkt worden. Die Besatzung hätte sich somit auf fünf Mann erhöht. Die Abmessungen der D-Version entsprachen der Ju 288 C.

Junkers Ju 288 G (mit Gerät 104 »Münchhausen«)

Hierbei handelte es sich um eine Variante zur Schiffsbekämpfung, welche in den Jahren 1940/41 bei den Junkers-Werken zumindest auf dem Reißbrett Form annahm. Variantenbezeichnung »G« für Gerät. Zum Einbau sollte eine aus naheliegenden Gründen rückstoßfreie Kanone des Kalibers 35,5 cm kommen. In Ruhestellung konnte das Geschützrohr zur Widerstandsverringerung in den Rumpf eingefahren werden. Das »Gerät« war in der Lage, Geschoße von 400 kg Gewicht rückstoßfrei zu verschießen. Die Durchschlagskraft bei 405 m/s betrug 400 mm. Eine weitere Ausführung ist durch eine Werkszeichnung bestätigt. Hier ist dieses Prinzip der rückstoßfreien Kanone mit dem Kaliber 28 cm, genannt Düka 280, dokumentiert. Die ebenfalls 400 kg wiegenden Geschosse sollten im Sturzflug aus 2000-4000 m Höhe abgefeuert werden, und 3,7 bis 7,5 Sekunden später sollte der Einschlag im zu bekämpfenden Schiff erfolgen. Die Granate detonierte durch einen Verzögerungzünder mit verheerender Wirkung tief unten im Schiff. Die Granate wäre zumindest rechnerisch in der Lage gewesen, bei 500-530 m/s

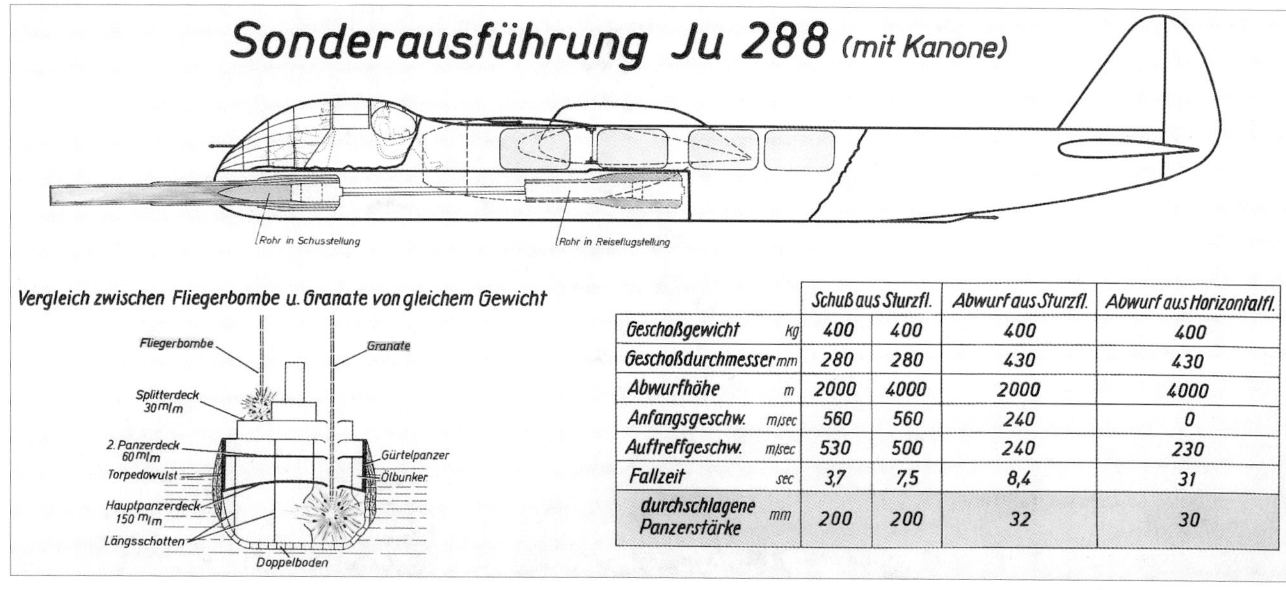

	Schuß aus Sturzfl.		Abwurf aus Sturzfl.	Abwurf aus Horizontalfl.
Geschoßgewicht Kg	400	400	400	400
Geschoßdurchmesser mm	280	280	430	430
Abwurfhöhe m	2000	4000	2000	4000
Anfangsgeschw. m/sec	560	560	240	0
Auftreffgeschw. m/sec	530	500	240	230
Fallzeit sec	3,7	7,5	8,4	31
durchschlagene Panzerstärke mm	200	200	32	30

Ob sich diese technisch interessante Lösung im Einsatz bewährt hätte ist fraglich.

Auftreffgeschwindigkeit 200 mm Panzerung zu durchschlagen. Soweit die Theorie. Ob sich diese Monstergeschütze in der Realität eines Kampfeinsatzes tatsächlich bewährt hätten, darf bezweifelt werden, zumal im Einsatz lediglich ein Schuß je eingesetztes Flugzeug abgefeuert werden konnte. Eine Ladevorrichtung ist auf der entsprechenden Zeichnung nicht erkennbar. Hier trieb die Ingenieurkunst wohl etwas sonderbare Blüten.

Ju 288 Höhenbomber

Das herausragende Merkmal dieser Ju 288-Ausführung war zweifellos die Erhöhung der Spannweite auf 26,00 m. Der Rumpf, ausgestattet mit einer Vier-Mann-Höhenkammer, maß in der Länge 18,095 m. Als Motorisierung war hier der JUMO 222 A/B vorgesehen. Das Rüstgewicht wurde mit 11 000 kg veranschlagt. Mit einer Zuladung, bestehend aus 2800 kg Betriebsstoffe und 2000 kg Kampfmittel, resultierte ein Startgewicht von 16 500 kg. Die auf mathematischem Wege ermittelten Leistungsdaten: Höchstgeschwindigkeit 680 km/h in 11 000 m, Reichweite 2400 km (bei Marschgeschwindigkeit von 590 km/h), Dienstgipfelhöhe 13 000 m. Die Defensivbewaffnung bestand im B, C- und H-Stand jeweils aus 1 x MG 81 Z.

Ju 288 mit JUMO 223

Als Ausweichlösung zum JUMO 222 kam der JUMO 223 in Betracht. Dieser Motortyp arbeitete nach dem Dieselprinzip und entsprach mit 2500 PS leistungsmäßig dem JUMO 222 E/F. Die Kampfleistung betrug 1650 PS. Die mit diesen Triebwerken ausgestatteten Ju 288 hätten folgende Leistungen erflogen:

- Reisegeschwindigkeit in 6000 m = 580 km/h
- Höchstgeschwindigkeit in 6000 m = 650 km/h
- Reichweite mit 3000 kg Bombenlast = 2500 km
- Reichweite mit 1500 kg Bombenlast = 3000 km
- Reichweite mit 1000 kg Bombenlast = 4500 km
- Reichweite mit 500 kg Bombenlast = 5000 km

Bezüglich weiterer Leistungsdaten oder konstruktiver Merkmale ist derzeit nichts in Erfahrung zu bringen. Die Zeichnung läßt Tunnelnaben sowie ein zentrales Seitenleitwerk erkennen.

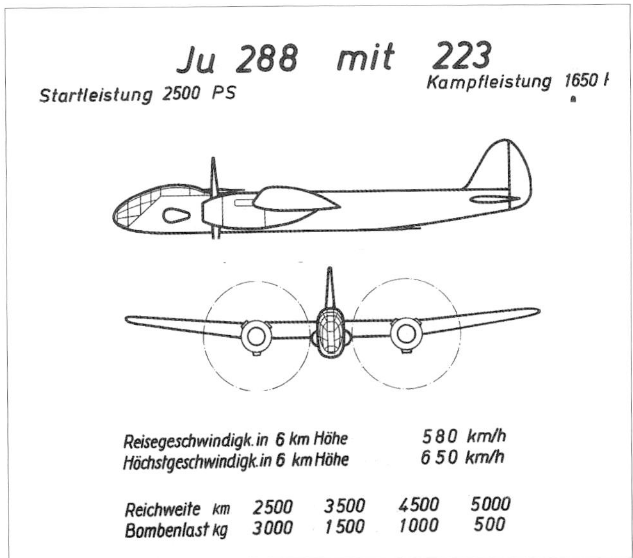

Eine andere nur auf dem Reißbrett verwirklichte Ausführung der Ju 288 mit JUMO 223.

Höhenbomber Ju 288

Bewaffnung

A-Stand: 2 × MG 81 mit 2 × 500 Schuss

B-Stand: MG 81Z 2 × 750 "

C-Stand: " " "

Motoren: 2 × BMW 801 J, K

Startleistung 2 × 1480 PS

Kampfleistung 2 × 1220 PS in H = 12 km

Rüstgewicht	kg	9900
Kraftstoff	"	2000
Bombenlast	"	1000
Abfluggewicht	"	13500
Vmax in H 12 km	km/h	650
Reisehöhe	km	12
Technische Flugstrecke	"	1800
bei VReise	km/h	615
H Dienst	km	14

A+B. Darstellung einer Höhenbomberausführung mit 26-m-Tragwerk.

Ju 288 E

Diese Bezeichnung wird oft den zur Panzerjagd umgerüsteten verbliebenen Ju 288-Prototypen zugeschrieben. Hier handelte es sich keinesfalls um eine offizielle Typenbezeichnung und ist in diesem Zusammenhang nicht korrekt. Die entsprechenden V-Muster erhielten keine neue Identität in Form einer neuen Typenbezeichnung.

Technische Daten der Ju 288-Reihe

Technische Daten	EF 73	Ju 288 A	Ju 288 B	Ju 288 C
Spannweite	15,70 m	22,00 m	22,60 m	22,60 m (22,99 m)**
Länge	16,10 m	16,60 m	18,10 m	18,15 m
Höhe	4,50 m	4,60 m	5,00 m	5,00 m
Flügelfläche	54,70 m^2	60,00 m^2	64,70 m^2	64,70 m^2
Flächenbelastung	245 kg/m^2	288 kg/m^2	327,70 kg/m^2	366,90 kg/m^2
Rüstgewicht	8100 kg	11 000 kg	13 600 kg	13 000 kg
Startgewicht	13 400 kg	17 300 kg	21 200 kg	21 800 kg
Triebwerke (2)	JUMO 222 A/B	JUMO 222 A/B	JUMO 222 E/F	DB 610 A/B
Leistung	2000 PS	2000 PS	2500 PS	2950 PS
Treibstoffkapazität	4010 l	7160 l	7160 l	8650 l
Propeller	VS 7	VS 7	VS 7	VDM
Höchstgeschwindigkeit	650 km/h in 6400 m	645 km/h in 6000 m	625 km/h in 6000 m	655 km/h in 6800 m
Marschgeschwindigkeit	500 km/h in 6400 m	565 km/h in 6000 m	545 km/h in 6000 m	520 km/h in 6800 m
Reichweite	3000 km	3850 km	3600 km	2800 km
Dienstgipfelhöhe	8800 m	10 300 m	9400 m	10 370 m
Bewaffnung	1 x MG 81 Z (B) 2 x MG 81 (Bug, starr) 1 x MG 81 Z (C2) 3000 kg Bomben	2 x MG 81 (A) 1 x MG 131 Z (B) 1 x MG 131 Z (C) 1 x MG 151 (H) 3000 kg Bomben	1 x MG 131 Z (B)* 1 x MG 131 Z (C)* 1 x MG 151 (H)* 3000 kg Bomben	1 x MG 131 Z (B) 1 x MG 131 Z (C1) 1 x MG 131 Z (C2) 1 x MG 151 (H) 3000 kg Bomben
Besatzung	3	3	4	4

* Erste Ausführung

** Geplante Spannweitenerhöhung

Die Technik der Ju 288

Allgemeine Anmerkungen

Bei der Konstruktion der Ju 288 wurde neben hoher Festigkeit bei möglichst großer Gewichtseinsparung auch auf eine produktionsorientierte Bauweise besonderer Wert gelegt. Der Rumpf mit rechteckigem Querschnitt wurde in drei Segmenten gefertigt. Voran die als autarkes Element konstruierte Druckkabine, welche im Bedarfsfall vom Rumpfmittelstück ohne großen Aufwand getrennt werden konnte. Den Abschluß bildete der das Leitwerk tragende Heckbereich.
Das trapezförmige Tragwerk, bestehend aus einem Mittelstück plus zwei Außenflächen, bildete in Schulterdecker-Anordnung eine Einheit mit dem Rumpfwerk. Die hier nur kurz geschilderten Bereiche wurden ausnahmslos in Ganzmetallbauweise gefertigt und entsprachen der Beanspruchungsgruppe H3. Technisches Highlight war zweifellos die Druckkabine, auch Höhenkammer genannt, welche in den Tagen der Ju 288 noch keinesfalls einen selbstverständlichen Bestandteil eines Flugzeugs darstellte. Im Gesamten betrachtet, hätte der Luftwaffe mit diesem Flugzeug ein technisch hochwertiges und mit den ursprünglich vorgesehenen Motoren auch ein sehr leistungsfähiges Flugzeug zur Verfügung gestanden. Dennoch gelang auch diesem Vertreter des Bomber B-Programms in keiner der drei Versionen der Sprung ins Serienstadium. Die hauptsächlichen Gründe hierfür waren einerseits im »auf und ab« des Prioritätenwechsels, aber auch in der Misere um den JUMO 222 zu suchen.
Tauchen wir nun ein in die technische Welt dieser gleichermaßen faszinierenden wie bedauerlicherweise erfolglosen Junkers-Konstruktion.

Der Cockpit-Bereich

Die sogenannte »Höhenkammer« bildete zum übrigen Rumpfaufbau eine in sich geschlossene Einheit, welche mittels vier Anschlußpunkten (Verschraubungen) in schnell lösbarer Form mit dem Rumpfmittelteil verbunden wurden. Kabel und Versorgungsleitungen waren ebenfall zu trennen. Erst durch den Einsatz dieser Technik konnte ein effektiv einsetzbares Höhenkampfflugzeug geschaffen werden, welches die Eigenschaft besaß, in große Höhen vordringen zu können, und was naturgemäß ein ungleich schwerer zu bekämpfendes Ziel darstellte. Gerade diese Technik stellte jedoch die Konstrukteure vor so manches Problem. Allzu oft saß der »Teufel« im Detail. Zwar konnte man bei Junkers bereits auf Erfahrungen beim Bau der Ju 49, EF 61 oder dem Ju 86-Aufklärer zurückgreifen, doch gab es hier noch so manches auf die Ju 288 bezogene Problem zu lösen. Im Zuge der Ju 288-Entwicklung entstanden Ausführungen für drei (A) beziehungsweise mit vier Besatzungsmitglieder (B/C). Eine Verbreiterung der Druckkabine war hierdurch unvermeidlich geworden. Die ursprüngliche Ausführung bildete eine Flucht mit der dahinter liegenden Rumpfstruktur. Die großzügige Verglasung gewährte dem mittig angeordneten Flugzeugführer beste Sicht. In der verbreiterten Kanzel wurden hier jedoch zwei Mann nebeneinander plaziert. Zwei weitere Besatzungsmitglieder hatten von ihren Arbeitsplätzen aus neben anderen Aufgaben auch ferngesteuerte Waffenstände zu bedienen.

Aufbau:
Der untere Teil gestaltete sich als Blechwanne, der obere aus einem verglasten Gerüst. Den Grundaufbau bildeten vier Längsgurte, welche die durch Druckunterschied entstehenden Kräfte auf die biegesteifen Rahmenspante weiterleiteten. Hinzu kamen die Querprofile, die einerseits ein stützendes Element für die Beplankung bildeten und zudem auch die hier entstehenden Kräfte ableiteten. Die Konstruktion war für eine Druckdifferenz von 0,4 kg/m^2 ausgelegt. Der obere, verglaste Aufbau bestand aus einer Struktur von Stahlprofilen, welche in diesem Bereich den Kanzelüberdruck aufzunehmen hatten. Die großzügige Doppelverglasung baute sich aus Plexiglasscheiben der Stärken 8 mm (außen) und 2 mm (innen) auf. Um der zwischen den Scheiben entstehenden Feuchtigkeit zu begegnen, wurden Trockenpatronen, die gleichzeitig als Ventile dienten, installiert. Sie bewirkten zugleich einen Druckausgleich zwischen den Scheiben und dem Kanzel-Innenbereich, wodurch dem Durchbiegen der dünneren Innenscheiben entgegengewirkt wurde. Um eine nach aerodynamischen Gesichtspunkten möglichst optimale Kanzelform zu schaffen, waren stark gewölbte Scheiben unumgänglich. Scheiben hingegen, welche für die optimale Sicht unverzichtbar waren, beispielsweise im Bereich des Flugzeugführers/Visier, war die entsprechende Verglasung nahezu plan. Für die Astronavigation kam Spezialglas zum Einsatz. Im Fall der 3-Mann-Höhenkammer kamen auf beiden Cockpitseiten blasenförmige und druckfeste Verglasungselemente zur Aufnahme der Visiere zum Anbau.
Die Verbindung der Druckkabine zum Rumpfmittelteil schufen vier am Spant 6 befindliche Anschlußpunkte. Die beiden oberen waren gegen den dahinter liegenden Rahmen abgestrebt (siehe Zeichnung).

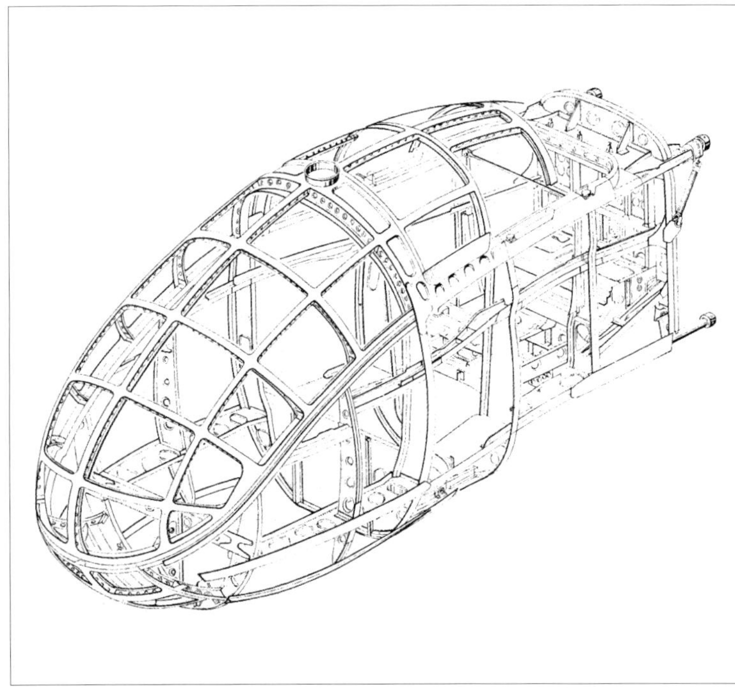

Die Struktur der Höhenkammer mit den Anschlußpunkten zum Rumpfmittelteil.

Der obere Teil der Druckkabine, die Strebenkonstruktion, wurde aus Stahl gefertigt. Die Abbildung zeigt die 3-Mann-Kabine.

Die Installation des oberen Periskopvisiers am Beispiel der Ju 288 V11.

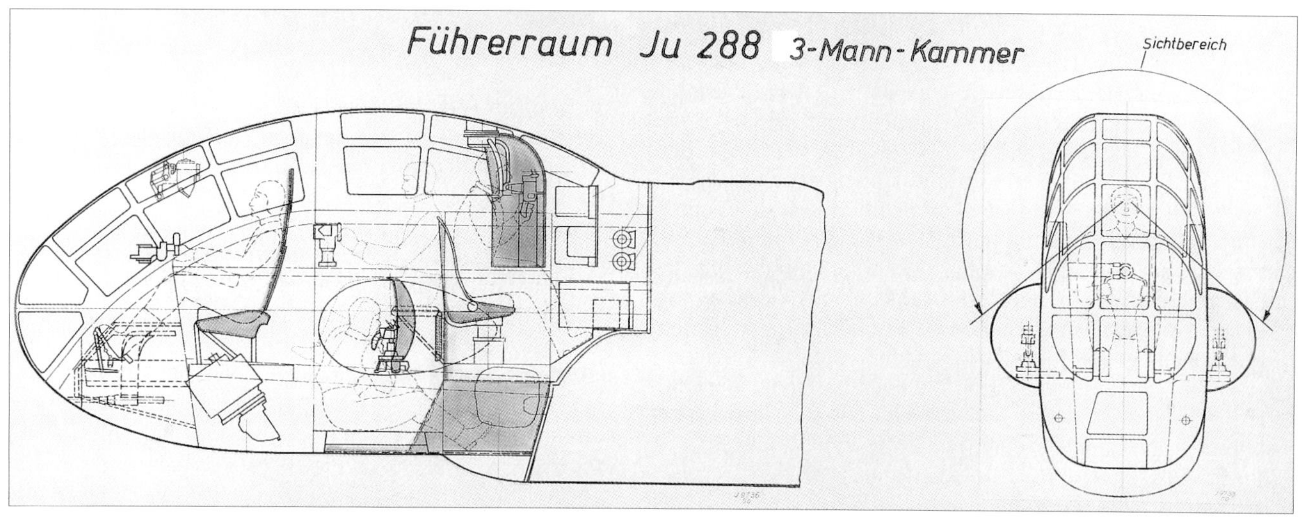

Die Positionierung der Besatzung am Beispiel der 3-Mann-Höhenkammer.

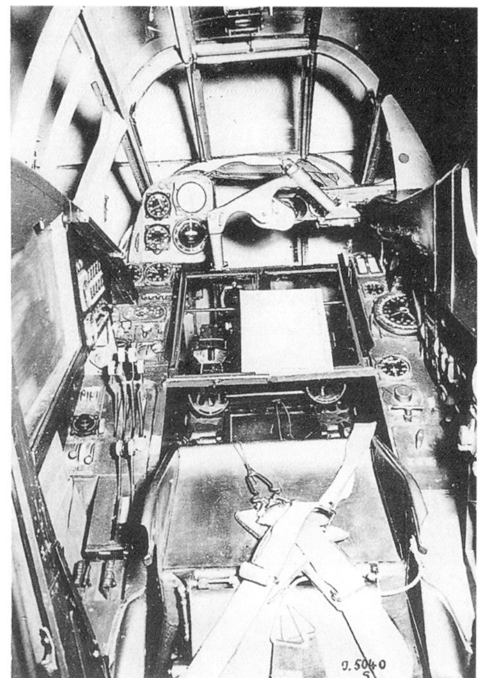

Arbeitsplatz des Flugzeugführers
Wegklappbarer Kartentisch
Rückenlehne zurückgelegt.

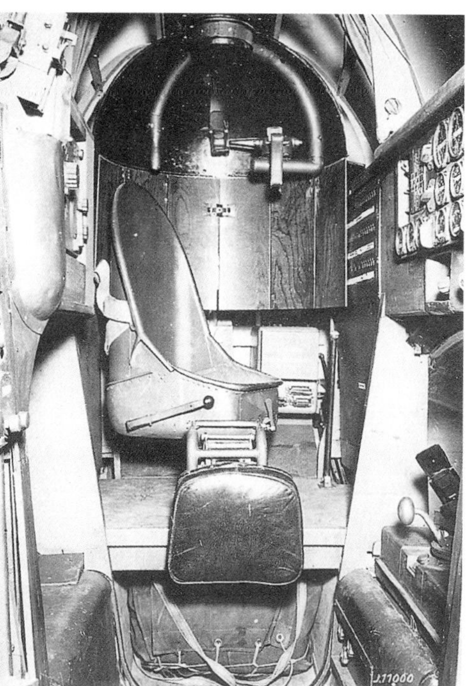

Arbeitsplatz des B-Standschützen
(Kopf- und Brustpanzerung)

Oberer Sitz des C-Standschützen
mit heruntergeklappter Hilfssteuerun

J. 10121 S0

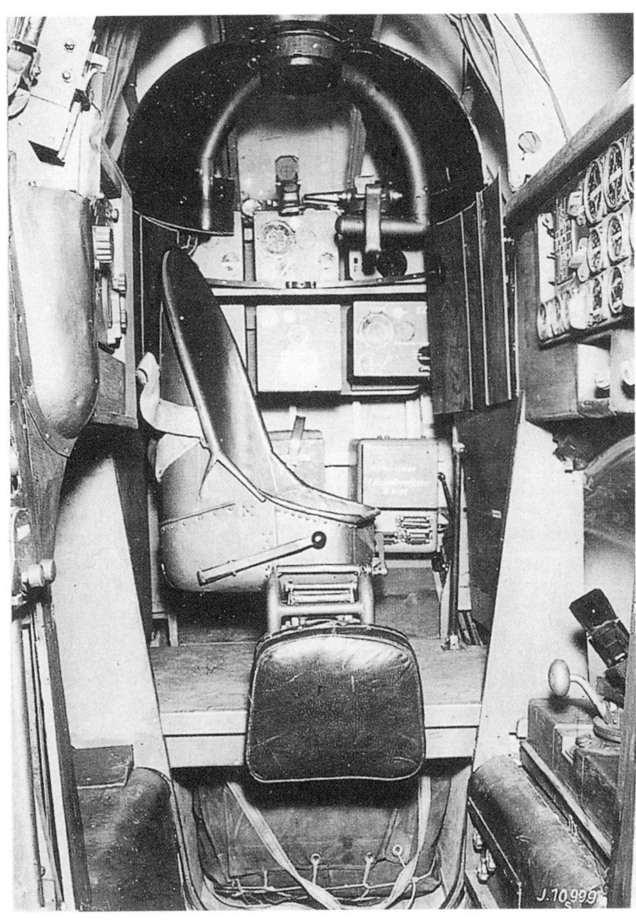

Arbeitsplatz des Funkers, Panzerung zur Seite geschoben.

Bombenzielgerät in Arbeitsstellung. In Ruhestellung ist das Visier unter den Führersitz geklappt.

A+B+C+D Diese vier Fotos dokumentieren Schlepptests im Trebbichauer See, westlich von Dessau, gegen Ende 1941.

Das Rumpfwerk

Das an seinen Endpunkten den Cockpit- und Leitwerksbereich aufnehmende Rumpfmittelteil nahm den Großteil der Treibstoffkapazität sowie die militärische Nutzlast auf. Sein Aufbau gestaltete sich in Ganzmetall-Halbschalenbauweise. Der Oberholm hatte die Form eines T-Profils, der Unterholm ein entsprechende in H-Form. Torsionssteif in seiner Ausführung bestand diese Konstruktion aus dem Rumpfoberteil, den querversteiften seitlichen Partien sowie einem Zwi-

Rumpfmitte
Rumpfende
Rumpfschnitte Ju 288 V6.

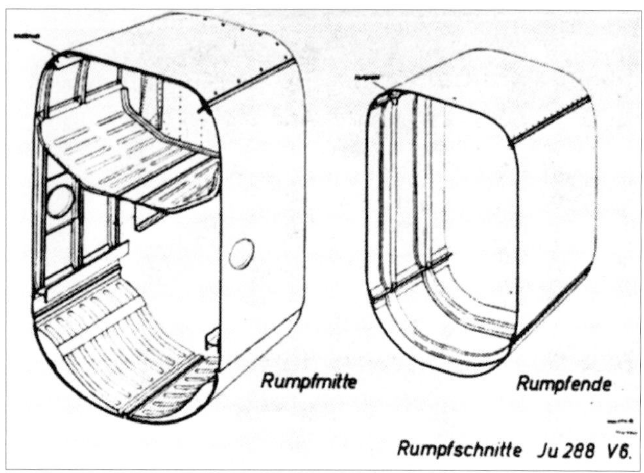

Beispiele des Rumpfaufbaues der Ju 288 V6.

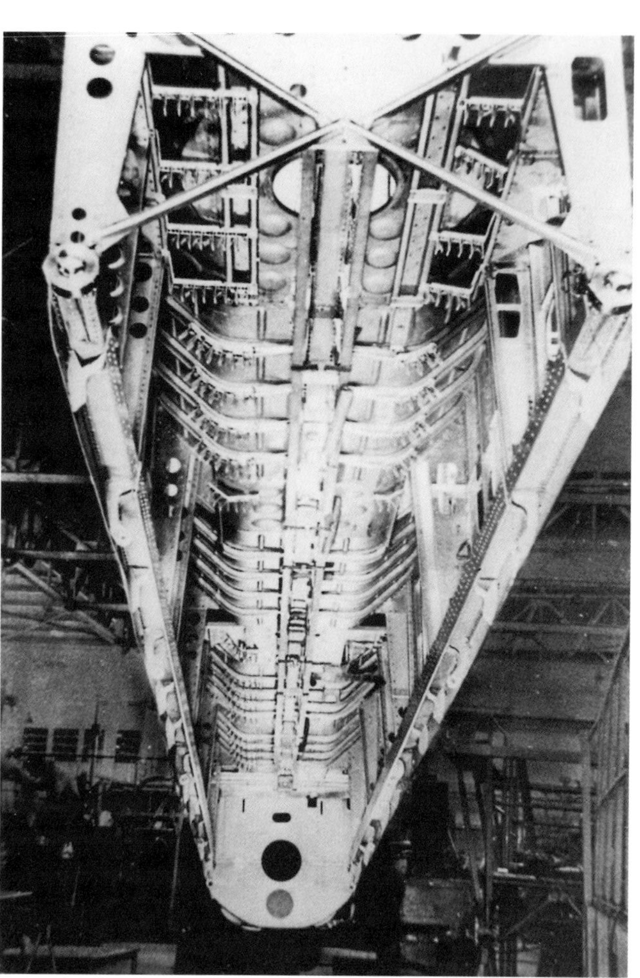

Blick in den Bombenschacht. Seitlich sind die Scharniere der Schachtklappen erkennbar. ▸

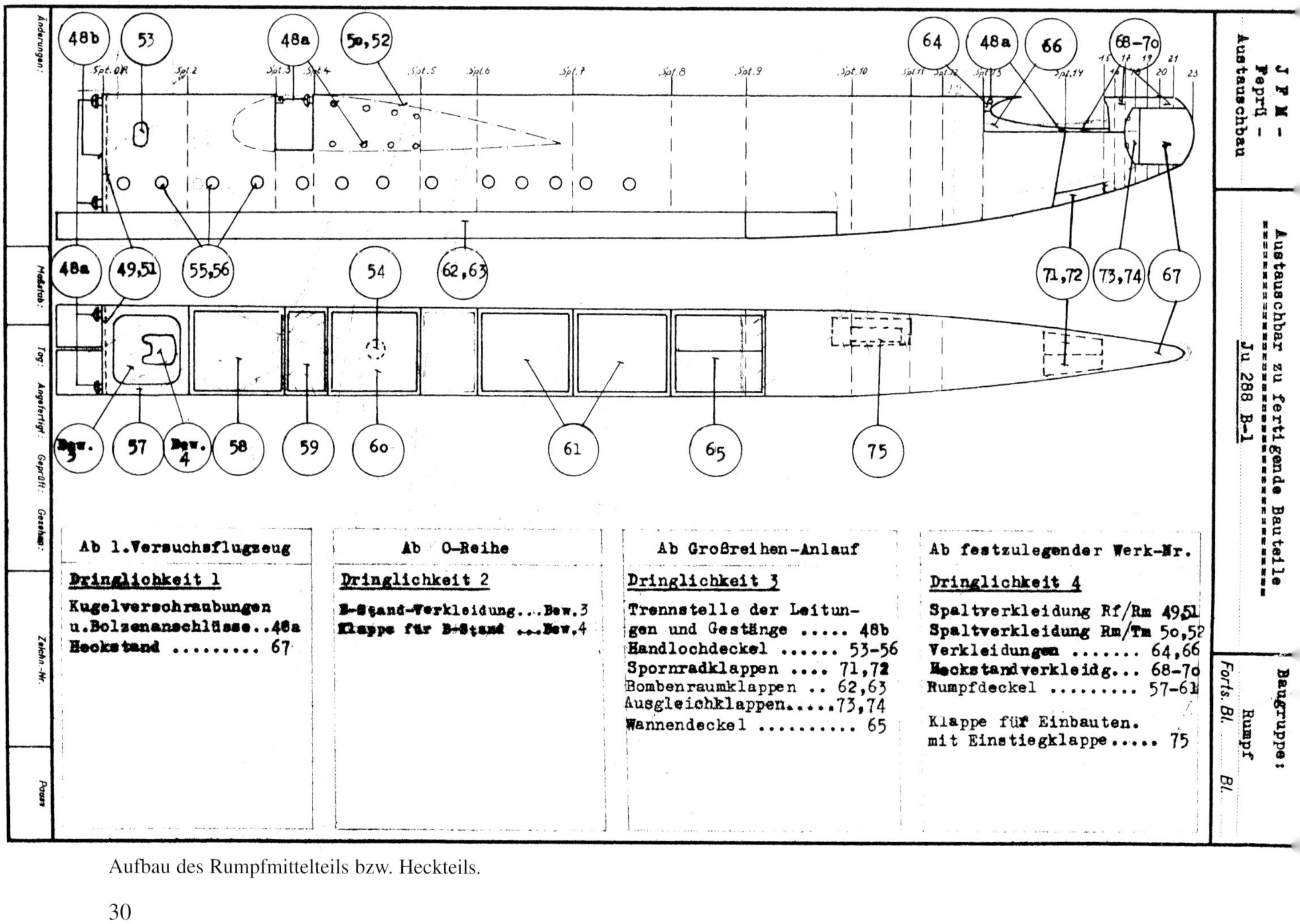

Ab 1.Versuchsflugzeug
Dringlichkeit 1
Kugelverschraubungen
u.Bolzenanschlüsse..48a
Heckstand 67
Ab 0-Reihe
Dringlichkeit 2
B-Stand-Verkleidung....Bew.3
Klappe für B-Stand Bew.4
Ab Großreihen-Anlauf
Dringlichkeit 3
Trennstelle der Leitungen und Gestänge 48b
Handlochdeckel 53-56
Spornradklappen 71,72
Bombenraumklappen .. 62,63
Ausgleichklappen.....73,74
Wannendeckel 65
Ab festzulegender Werk-Nr.
Dringlichkeit 4
Spaltverkleidung Rf/Rm 49,51
Spaltverkleidung Rm/Tm 50,52
Verkleidungen 64,66
Heckstandverkleidg... 68-70
Rumpfdeckel 57-61
Klappe für Einbauten.
mit Einstiegklappe..... 75
J F M -
Feprü -
Austauschbau
Austauschbar zu fertigende Bauteile
Ju 288 B-1
Baugruppe:
Rumpf
Forts. Bl.
Bl.

Aufbau des Rumpfmittelteils bzw. Heckteils.

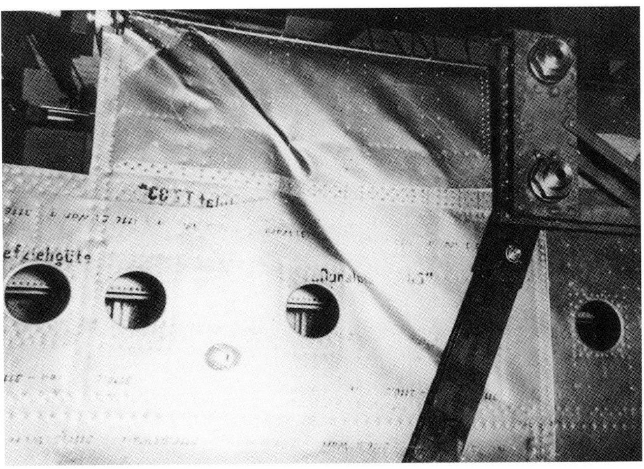

Faltenbildung an der Beplankung. Das Ergebnis von Belastungstests.

Die frühe Form des Heckbereichs.

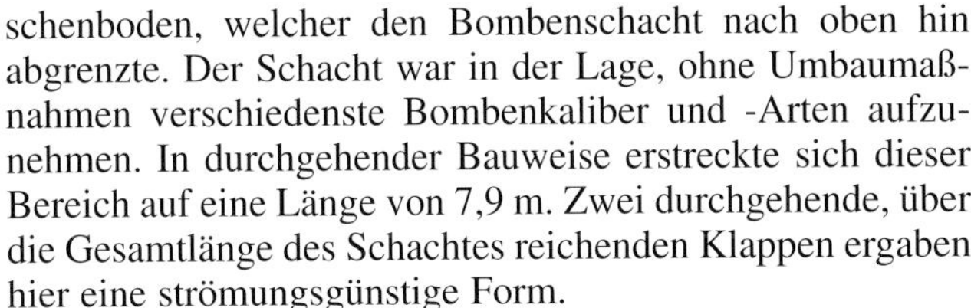

schenboden, welcher den Bombenschacht nach oben hin abgrenzte. Der Schacht war in der Lage, ohne Umbaumaßnahmen verschiedenste Bombenkaliber und -Arten aufzunehmen. In durchgehender Bauweise erstreckte sich dieser Bereich auf eine Länge von 7,9 m. Zwei durchgehende, über die Gesamtlänge des Schachtes reichenden Klappen ergaben hier eine strömungsgünstige Form.
Die Rumpfoberseite nahm vier Kraftstoffbehälter mit einem jeweiligen Fassungsvermögen von 450 l auf. Die Sacktanks waren jeweils durch Schottspante voneinander getrennt installiert. Der Zugang erfolgte durch an der Rumpfoberseite befindliche Wartungsdeckel. Das Rumpfmittelteil nahm zudem zwei ferngesteuerte Waffenstände sowie Teile der Funkausrüstung und anderes elektronisches Equipment sowie den Mutterkompaß auf. Die entsprechenden Details sind den Werkszeichnungen zu entnehmen.
Die Trennstelle zum Heckteil befand sich bei Spant 13. Der hintere Rumpfpart diente zur Aufnahme des Doppelleitwerks sowie des einziehbaren Spornrades. Sein Aufbau gestaltete sich in Form von mit Querprofilen kombinierten Einzelschalen und aus Z-Profilen geformten Spanten. Anknüpfend an die vier Längsholme des Mittelteils bildeten auch hier Holme in gleicher Anzahl den Längsverband. Die eingangs erwähnte Trennstelle ermöglichte den Schnellaustausch des Hecksegments. Den Abschluß formte ein Heckkonus oder ein fernbedienter Waffenstand. Die Gesamtlänge des Rumpfes betrug im Fall der A-Version 16,60 m. Die Folgemuster Ju 288 B und -C wiesen Maße von 18,10 beziehungsweise 18,15 m auf.

Eine Seitenflosse mit dem oben plazierten Ausgleich.

Der Leitwerksbereich

Das Leitwerk unterschied sich in verschiedenen Punkten zwischen der Baureihe »A« und den nachfolgenden Versionen. So unterschied sich die Form und Stellung des Seitenleitwerks zwischen den unterschiedlichen Entwicklungsstufen. Die Montage desselben erfolgte bei den Mustern Ju 288 B und C nach innen geneigt. Die Flossen der Ju 288 A waren hingegen senkrecht angeordnet. Die Seitenruder reichten im Gegensatz zur frühen Ju 288 bei den anderen Versionen über die gesamte Länge der Flosse. Die Seitenruder der Ju 288 B verfügten am oberen Ende über einen Hornausgleich und waren stumpf, also ohne überstehende Endkappen des elektrisch verstellbaren Höhenleitswerks montiert. Die Spannweite des Leitwerkbereichs wird in einer Ju 288 A-Zeichnung mit 7,11 m angegeben. Es wurde, mit Ausnahme der hölzernen Profilnasen, in Ganzmetallbauweise erstellt.

Frontansicht der gleichen Seitenflosse mit dem sich nach oben verjüngendem Profil.

Details des Leitwerks der Ju 288 V6.

In dieser Leitwerkskonfiguration stehen die Seitenflossen senkrecht zur Flugrichtung.

Diese Aufnahme zeigt ein Leitwerk, wie es bei der B-Version eingeführt wurde.

Das Tragwerk

Das Auftrieb erzeugende Element bestand aus drei Hauptsegmenten: Zum Einen das zentrale Flächenmittelstück, welches mit dem Rumpfwerk in Schulterdecker-Anordnung verbunden wurde, und zwei Außenflächen, die an den Motoren-Querverbänden des Mittelstücks durch Kugelverschraubungen befestigt wurden. Hierdurch waren die Flächen problemlos austauschbar. Man konnte auf diese Weise das Flugzeug den Erfordernissen eines bestimmten Einsatzes relativ schnell durch die Verwendung größerer Flächen gegebenenfalls anpassen. Verschiedene Tragflächen-Konfigurationen wurden verwirklicht oder standen in Entwicklung.

- Ju 288 A – Spannweite 22,00 m (Fläche 60,00 m^2)
- Ju 288 B – Spannweite 22,60 m (Fläche 64,70 m^2)
- Ju 288 C – Spannweite 22,60 m (Fläche 64,70 m^2)*
- Ju 288 Höhenbomber-Projekt mit 26,00 m Spannweite.

Der Aufbau des Tragwerks wies gegenüber anderen Junckers Bomber-Konstruktionen gravierende Unterschiede auf. Die Gründe hierfür lagen in der Gewichtsreduzierung, außerdem wollte man durch die im Flächenstrak liegenden Holmgurte die übermäßige Bildung von Falten an der Beplankung minimieren.

Aufbau

Das Tragwerk der Ju 288 A verfügte über einen trapezförmigen Grundriß mit leichter Pfeilung ab den Außenflächen. Die Nasenkante des Mittelstücks blieb davon unberührt. Das Rückgrat der Außenflügel bildete ein durchgehender Hauptholm in Kombination mit zwei unterbrochenen Hilfsholmen. Die Flächen waren mit der sogenannten »Kuto-Nase«

* Die Spannweite wurde später auf 22,99 m erhöht, wahrscheinlich bei keinem V-Muster montiert.

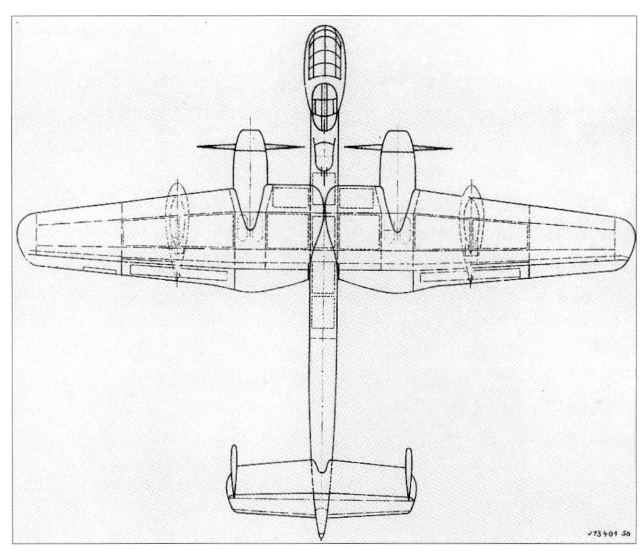

Die Form des Ju 288-Tragwerks mit 22,66 m Spanweite.

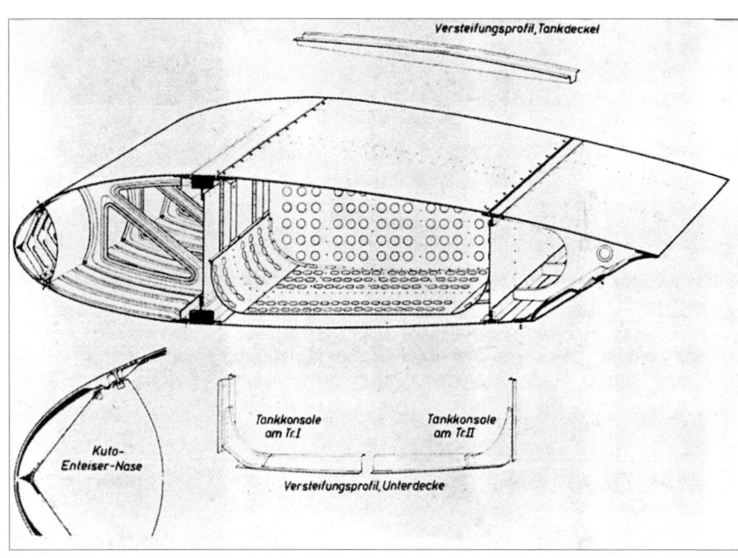

Ein Beispiel des Aufbaus der Flächenstruktur. ▸

Blick auf die Oberseite des Rumpfmittelstücks sowie des Flächenmittelstücks. Im Fall der nach oben offenen Bereiche ist die spätere Lage der Treibstoff- und Schmierstofftanks gut zu erkennen.

(Ballonkabelschneider) ausgestattet. Spalt-Landeklappen kamen am Innen- und Außenflügel zum Einbau. Über die gesamte Spannweite erstreckten sich Spaltflügel, welche in ihrer Bauform der Ju 88 nicht unähnlich waren. Auf den äußeren Landeklappen waren lattenrostartige Sturzflugbremsen installiert (siehe Zeichnung).
Das Tragwerk diente zudem zur Aufnahme des Fahrwerks, der Motoren sowie deren Betriebsstoffen, welche in sechs beschußsicheren Kraftstofftanks von zusammen 3520 l und zwei Ölbehältern mitgeführt wurden. Der Schmierstoff wurde in zwei 230-l-Behälter in der Flügelnase jeweils zwischen Motor und Rumpf untergebracht. Zur Erhöhung der Treibstoffkapazität kamen an Unterflügelstationen zwei 900-l-Abwurftanks hinzu.

Die sogenannten »Kammunterbrecher« an der Tragfläche des Prototyps V5.

Diese Aufnahme von bedauerlicherweise minderer Qualität zeigt am Beispiel der V3 die Form der Sturzflugbremsen.

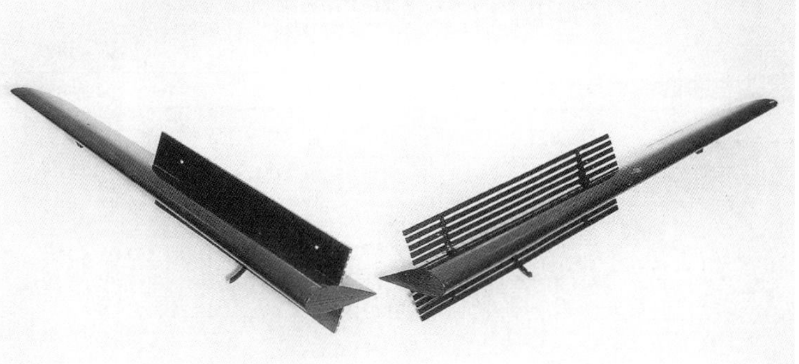

Zwei unterschiedliche Form von Sturzflugbremsen.

Details der Klappen und Ruder an einer Steuerbordtragfläche.

Die Triebwerke der Ju 288-Reihe (BMW 801, JUMO 222, DB 606, DB 610)

BMW 801

Dieser tausenfach bewährte 14-Zylinder-Doppelsternmotor kam in einer nicht unbeträchtlichen Anzahl von Flugzeugtypen zum Einsatz. Erwähnung sollen hier beispielsweise die Fw 190, Do 217, Ju 290 oder Ju 188 finden. Das erste Exemplar lief bereits im Frühjahr 1939 auf dem Prüfstand. In diesem ersten deutschen Großserien-Doppelsternmotor flossen Erfahrungen ein, die beim Bau des BMW 139 gewonnen wurden, aber auch auf den BRAMO 329 zurückreichten. So entstand ein 41,8-l-Triebwerk, welches in 14 Zylindern, sternförmig zu je sieben hintereinander versetzt angeordnet, je nach Ausführung bis zu 2000 PS erzeugte. Im Fall der Ju 288 kamen die Versionen BMW 801 G (Ju 288 V1-V4), 801 C (V7) und -801 TJ (V10) zum Einbau. Letzterer stellte eine Ausführung mit Abgasturbolader auf der Basis des BMW 801 D-2 dar. Diese Variante wurde mit BMW 801 J bezeichnet, welcher als komplette Motorenanlage unter der Kennung 9-8801-J0 entstand. Unter der Typenbezeichnung BMW 810 TJ (1810 PS) wurde ab Anfang 1944 eine Nullserie gefertigt, die der Ju 388 als Notlösung zum JUMO 222 zur Verfügung stand. Bei vier V-Mustern der Ju 288 kam der BMW 801 G mit 1730 PS zum Einbau, der im Gegensatz zum für Jagdflugzeuge konzipierten BMW 801 C mit 1600 PS ein Bombertriebwerk darstellte. Die Ausführung »C« fand bei der Ju 288 V7 Verwendung. Aufgrund des Leistungsunterschieds zum JUMO 222 konnte die Ju 288 die in sie gesetzten Erwartungen nicht erfüllen.

Junkers JUMO 222

Der erste mit JUMO 222 ausgestattete Prototyp war die Ju 288 V5. Im Zuge der Testreihen war aufgrund der Leistungsdifferenz zum BMW 801 auch eine Verbesserung der Daten zu verzeichnen. Weitere V-Muster, welche mit diesem all zu raren Triebwerkstyp ausgestattet wurden, trugen die Bezeichnung Ju 288 V6, V8, V9, V12 und V14. All diese Prototypen waren mit dem 2000 PS starken JUMO 222 A/B ausgestattet worden. Die beiden anderen, wesentlich leistungsstärkeren Folgeversionen mit 2500 PS und 3000 PS,

A+B Ansichten des BMW 801 C, der bei der Ju 288 V7 zum Einbau kam.

Gesamtaufnahme eines JUMO 222 A/B.

Ein strömungsgünstig »verpackter« JUMO 222 mit Tunnelnabe. Durch die Öffnungen werden die Propellerblätter geführt.

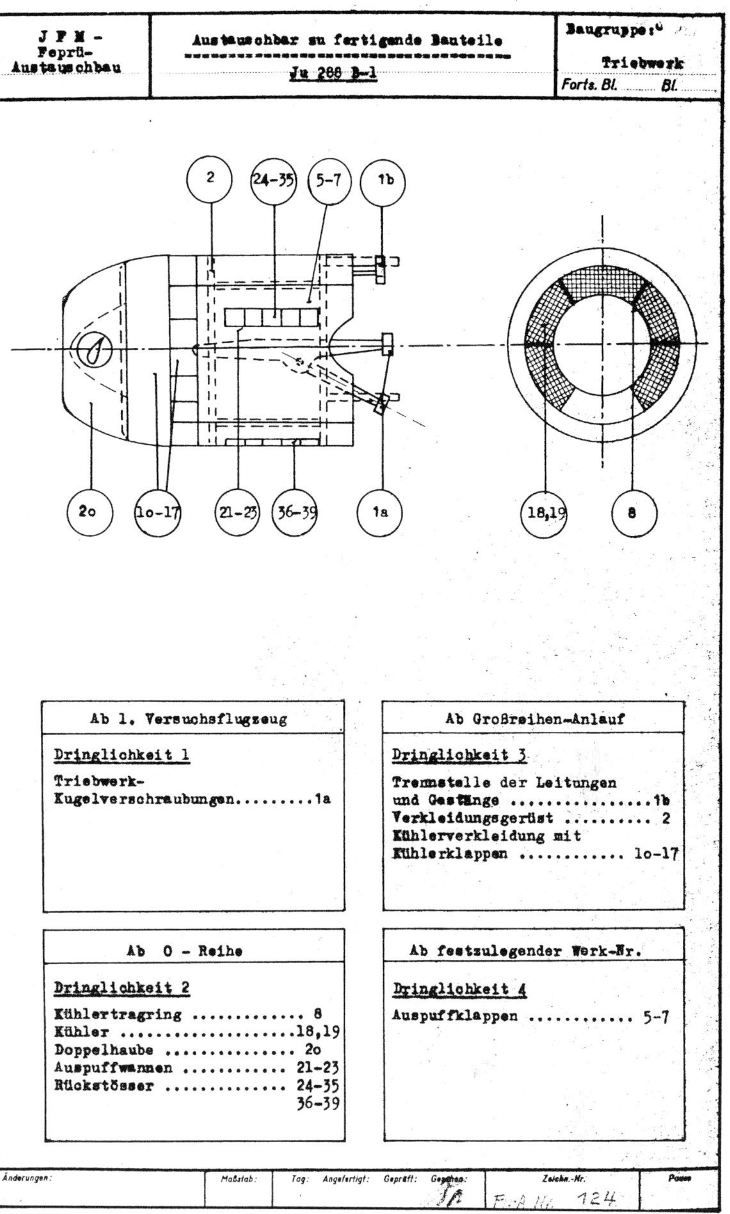

J F M - Feprü- Austauschbau	Austauschbar zu fertigende Bauteile Ju 288 B-1	Baugruppe: Triebwerk Forts. Bl. .... Bl. ....

Ab 1. Versuchsflugzeug	Ab Großreihen-Anlauf
Dringlichkeit 1 Triebwerk- Kugelverschraubungen.........1a	**Dringlichkeit 3** Trennstelle der Leitungen und Gestänge ....1b Verkleidungsgerüst .... 2 Kühlerverkleidung mit Kühlerklappen 1o-17

Ab 0 - Reihe	Ab festzulegender Werk-Nr.
Dringlichkeit 2 Kühlertragring .... 8 Kühler ....18,19 Doppelhaube .... 2o Auspuffwannen .... 21-23 Rückstösser 24-35 36-39	**Dringlichkeit 4** Auspuffklappen 5-7

Änderungen:	Maßstab:	Tag: Angefertigt: Geprüft: Gesehen:	Zeichn.-Nr. F-A Nr. 124	Pause

Werkszeichnung einer JUMO 222-Cowling mit Tunnelnabe.

Blick unter die Motorenverkleidung des JUMO 222 A/B.

Der Ringkühler des JUMO 222 mit Segmenten für Kühlwasser- und Ölkühlung.

kamen nicht mehr zum Einbau. Die entsprechenden Leistungsberechnungen wären in Bezug auf die Ju 288 allerdings sehr ermutigend gewesen. Der Höhenmotor JUMO 222 A-3/B-3, eine Ausführung mit vergrößerter Bohrung und Hub (140/135), die bereits in der Vorgängervariante A-2/B-2 zur Anwendung kam, wurde eingebaut. Resultat: Eine Leistungserhöhung von 500 PS auf 2500 PS. Die Verwendung bei der Ju 288 beschränkte sich nicht nur auf die Variante A-1/B-1 (V9 mit A-3/B-3, ein V-Muster mit C/D).
Zur Installation der Triebwerke ins Flugzeug verwendete man zwei Elektronträger, kombiniert mit Stahlstützstreben. Das Ganze wurde gummielastisch gelagert und mittels vier Kugelverschraubungen mit der Flächenstruktur verbunden. Die Motoren plus Träger konnten im Fall einer Notwasserung abgesprengt werden, um so das allzu schnelle Sinken des Flugzeugs zu verhindern. Die Energie des JUMO 222 wurde auf Junkers VS-7-Luftschrauben übertragen. Im Gegensatz zum BMW 801, welcher wie die überwiegende Anzahl der Sternmotoren zu den luftgekühlten Triebwerken zählte, so benötigte der JUMO 222 ein entsprechendes auf Flüssigkeitskühlung basierendes System. Dies kam in Form eines Stirnkühlers in Leichtmetallbauweise zum Einbau. Der Kühlluftaustritt wurde durch ringförmig angeordnete Spreizklappen geregelt. Eine weitere Variante entstand mit der sogenannten Tunnelnabe. Es handelte sich hierbei um eine vergleichsweise zur kurzen Ringkühlerverkleidung weit nach vorne gezogene Ummantelung, die sich entsprechend der Propellerdrehzahl mitdrehte. Eine zusätzliche Kühlwirkung konnte durch spezielle Verkleidungen an den Propellerblattwurzeln erzielt werden.

Zur Geschichte des JUMO 222

Die Anfänge dieser glücklosen Konstruktion führen zurück in das Jahr 1937. Ferdinand Brandner erhielt in diesem Jahr die Aufgabe, einen 24-Zylinder-Motor zu entwickeln. Nach einer Entwicklungs- und Bauzeit von zwei Jahren konnte am 24. April 1939 das erste Triebwerk am Teststand gestartet werden. Bis zur Serienreife waren jedoch noch zahlreiche Hürden zu nehmen. Hindernisse, an denen letztendlich das ganze Projekt scheiterte. Ferdinand Brandner: *»Die Tragik dieser Motorenentwicklung bestand in den ständig gesteigerten Leistungsanforderungen, die von der Zellenentwicklung her gefordert wurden und die durch die stetigen Gewichtsüberschreitungen ihre errechneten Flugleistungen nicht einhalten konnte. Dadurch wurde der JUMO 222 zu Tode entwickelt.«*
In der Grundauslegung handelte es sich beim JUMO 222 um ein 24-Zylinder-Triebwerk, dessen Zylinder in vier Sternen zu je sechs Zylindern positioniert wurden – eine Konfiguration, die Reihen- und Sternbauart miteinander verschmolz. Im Zuge der Entwicklung wurde das Volumen durch das Vergrößern der Bohrung von 135 mm auf 140 mm erhöht. Der nächste Schritt war, sowohl den Hub als auch die Bohrung zu vergrößern. Die daraus resultierenden unterschiedlichen Hubräume betrugen 46,6 l, 49,8 l und 55,5 l. Entsprechend stieg auch das Leistungsvermögen des JUMO 222 von 2000 PS auf über 2500 PS bis hin zur 3000-PS-Marke. Im Fall des JUMO 222 E/F handelte es sich um einen Höhenmotor. Der letzte projektierte Schritt stellte eine 36-Zylinderausführung mit 70 l Hubraum und einem Leistungsvermögen von bis zu 5000 PS dar (JUMO 225). Das V-Muster des JUMO 222G, (36 Zyl., 69,6 l), leistete nur 3000 PS.

Wichtige Ereignisse in der Entwicklung des JUMO 222 laut Unterlagen von Ferdinand Brandner:

- Erstlauf am 24. April 1939.
- Leistungsnachweis von 2000 PS im März 1940.
- Absetzung des JUMO 222 von der Großserie (24. Dezember 1941)
- Leistungsnachweis von 3000 PS am 4. Juni 1942.
- August 1942 – RLM berücksichtigt den JUMO 222 wieder in der Serienplanung.
- Laut Bauprogramm 35 A vom 11. Februar 1943 sollte die Fertigung im Oktober 1944 in Prag anlaufen. Bis September 1946 waren 1500 Triebwerke geplant.
- In den Jahren 1943/44 waren laut Brandner 20 Triebwerke für die Fw 191 verfügbar. Diese ging jedoch aus bereits berichteten Gründen nicht in Serie. So erhielt Heinkel die JUMO 222 A/B für die He 219.
- Im Sommer 1944 wurden Unterlagen an Japan verkauft. Im Januar 1945 sollten Brandner sowie die Bauunterlagen per U-Boot nach Japan befördert werden. Brandner verblieb jedoch in Deutschland.
- Im Jahr 1945 erhielt der JUMO 222 höchste Priorität, da er als einziger über ein Leistungsspektrum bis 3000 PS (C/D) verfügte. Fast identisch war hier der DB 610 (2950 PS), dessen unvorteilhafte Form (erhöhter Stirnwiderstand) zu Geschwindigkeitsverlust führte.

Daimler-Benz DB 606

Der DB 606, ein gangbarer Weg, um in einer relativ kurzen Zeitspanne ein leistungsstarkes Triebwerk zu entwerfen und umzusetzen. Ein Weg, den beispielsweise auch Allison in den USA einschlug, um aus dem V-1710 (bei P-38 installiert), das Doppeltriebwerk V-3420 zu realisieren. Die Zahl gibt hierbei das Hubraumvolumen in Cubic Inch an. Doch darf diese Art der Problemlösung nicht darüber hinwegtäuschen, daß es sich hierbei, wie im Fall des DB 610, eigentlich um eine Notlösung handelte, die, wie der Name schon besagt, in Ermangelung einer verfügbaren leistungsstarken Antriebsquelle aus der Not heraus geboren wurde. Die Entwicklung des DB 606 ging auf das Versuchsflugzeug He 119 zurück, welches seine beachtlichen Leistungen von 620 km/h nicht zuletzt diesem Triebwerk verdankte.
Im Zuge des Ju 288-Programms kamen diese Doppelmotoren in den V-Mustern Ju 288 V11, V13, V101 und V102 zur Anwendung.

Das 24-Zylinder-Doppeltriebwerk entstand aus zwei gekuppelten DB 601 E, welche in einem Winkel von 44° zueinan-

Gesamtansicht des Daimler-Benz DB 606.

der geneigt durch ein Propellergetriebe vereint auf eine gemeinsame Welle wirkten. Die Ausführung DB 606 A/B (Kennung für rechts-, bzw. linksdrehend) verfügte über den stattlichen Hubraum von 67,8 l, der sich aus 24 Zylindern (154 x 160) ergab. Das Leistungsniveau des DB 606 erreichte 2700 PS Startleistung und 2400 PS Steig- und Kampfleistung. Die Volldruckhöhe dieser Ausführung lag noch bei 4900 m, die im Fall der Version DB 606 C/D bei 5600 m. Die nicht unbeträchtlichen Einbaumaße von 2082 mm Länge, 1630 mm Breite und 1050 mm Höhe fanden sich in einer nicht minder gewaltigen Cowling wieder. Frontseitig wurde der Ringkühler integriert. Auch das Gewicht mit 1,4 t Trockenmasse sprengte den Rahmen und lag 300 kg über dem Wert des JUMO 222.

Die Brände bei DB 606 und 610 hatten mehrere Ursachen. In Berücksichtigung des Schwerpunktes erfolgte der Motoreneinbau in direkter Nähe des Flächenholmes. So konnten die Zuleitungen nur mit rechtwinkeligen Krümmern verbunden werden. Hinzu kam, dass aufschäumendes Öl in seiner Kühlwirkung reduziert wurde und dies so zur Überhitzung führte. Hieraus resultierten Kolbenfresser, Pleuelrisse und durchschlagene Kurbelgehäuse, wobei oft auch der zwischen den Doppelmotoren platzierte Tank des LS-Getriebes beschädigt wurde. Auch hatten geringe Leckagen im System und mangelhafte Belüftung sowie die zu kurzen Abdeckbleche in diesem Bereich oft verheerende Folgen. Das Öl kam mit den heißen mittleren Auspuffstutzen in Berührung und entzündete sich. Die Abgasführung endete auch nahe dem Fahrwerksbereich. Schon kleine Mengen Hydrauliköl konnten sich so an den heißen Abgasen entzünden.

Das Brandschott der Ju 288 V11, welche über DB 606 verfügte.

Die Frontseite einer DB 606-Cowling mit den Segmenten des Kühlers an dessen Stirnseite.

Daimler Benz — **Motorenmuster DB 606 A-B** — Kraftstoff B 4 — Blattzahl: 1, Blatt: 1

Deutsches Museum

1060 — 1630 — 2082

Höhe km	Leistungsstufe	PS	U/min	Ladedruck ata	Kraftstoffverbrauch g/PSh	l/h
0	Start- und Notleistung	2700	2700	1,42	235 + 10 g/PSh	890
0	Steig- und Kampfleistung	2400	2500	1,30	220 + 10 "	744
0	Höchstzul. Dauerleistung	2000	2300	1,15	210 + 10 "	580
	Höchste Dauersparleistung					
4,8	Notleistung	2640	2700	1,42	235 + 10 "	880
4,9	Steig- und Kampfleistung	2400	2500	1,30	220 + 10 "	744
5,1	Höchstzul. Dauerleistung	2080	2300	1,15	215 + 10 "	600
5,1	Höchste Dauersparleistung	1680	2000	1,00	205 + 10 "	480
10,0	Notleistung	1400	2700	0,78	286 + 10 "	560

Die Probleme in Bezug auf die He 177 waren zweifellos »hausgemacht«. Nicht die Motorenkonstruktion selbst, sondern die Installationsweise der Triebwerke am Flugzeug war mangelhaft.

Daimler-Benz DB 610

Dem DB 606 entsprechend handelte es sich auch hier um ein Doppeltriebwerk, wovon ein Teil gegebenenfalls entkuppelt werden konnte. Dies traf ebenfalls auf den DB 606 zu, in diesem Fall auf der Basis des DB 605. Das Funktionsprinzip entsprach dem DB 606, welcher ebenfalls über zwei Lader und Schwungkraftanlasser verfügte. Die Grundlage für die im Ju 288-Programm verwendeten DB 610 A/B boten zwei gekupppelte DB 605 A, die gleichfalls im Winkel von 44° zueinander geneigt eine Einheit bildeten. Da es sich um DB 605 handelte, verfügten diese Motoren gegenüber dem DB 601 über einen voluminöseren Hubraum mit daraus resultierender höherer Leistung. Vierundzwanzig Zylinder (160 x 154) ergaben einen Gesamthubraum von 71,4 l. Der DB 610 A/B entsprach in seinen Abmessungen (L = 2082 mm, B = 1632 mm, H = 1057 mm) weitgehendst dem DB 606. Gewichtsmäßig schlug der DB 610 mit max. 1070 kg Trockengewicht zu Buche. Hierbei unterschieden sich die beiden gekoppelten Triebwerke (A/B) getriebebedingt um 40 kg.
Der DB 610 wurde im Rahmen der Ju 288-Erprobung bei den Prototypen Ju 288 V103, V105, V106, V107 und V108 installiert. Widersprüchliche Angaben werden zum Versuchsmuster V102 in verschiedenen Publikationen gemacht.

Der Doppelmotor DB 610 in der Gesamtansicht. Beachtenswert die lange Welle.

Lader und Teil der Abgasführung der linken Seite des DB 610. Dieser beeindruckende Motor befindet sich in der Flugwerft Schleißheim.

Die Frontalansicht einer DB 610-Cowling mit ringförmig angeordneten Kühlersegmente.

Die Aufnahme zeigt Segmente des Leichtmetallkühlers sowie vier von sechs Abgasdüsen (Blickrichtung nach vorne).

Ein verwirrendes Zusammenspiel von Anbauten und Leitungen (Blickrichtung nach vorne).

Ein Verkleidungsblech mit Kühlerklappen (Plazierung siehe Werkszeichnung).

Die linke Seite des DB 610 mit Lader (rechts) und unverkleideten Kühlersegmenten.

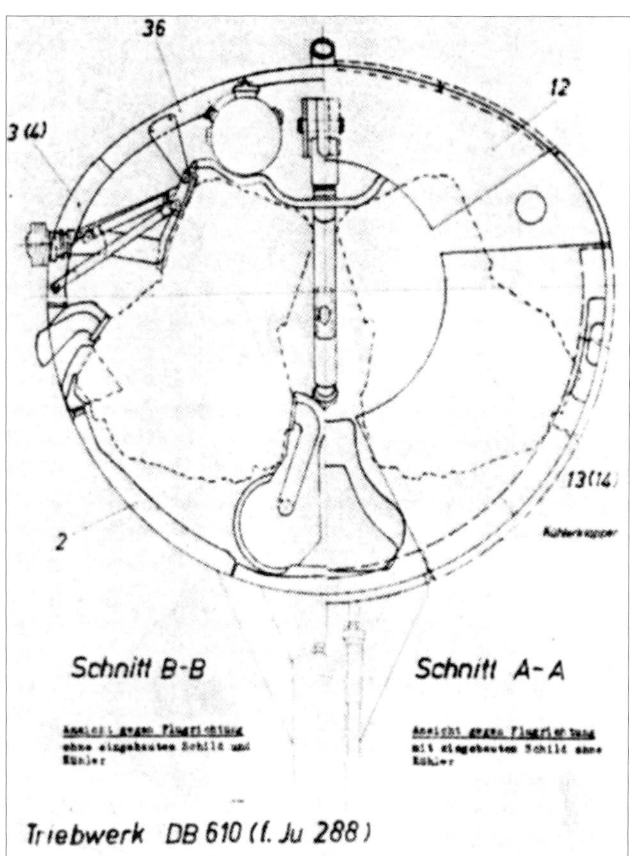

Einbaubereich der Kühlerklapppen.

Einerseits wird dem Prototyp der DB 606 zugeordnet, andere Quellen nennen den DB 610. Welcher der beiden Motorentypen zum Einbau kam, läßt sich mit letzter Sicherheit nicht feststellen. Möglicherweise ist die V102 aber erst zu einem späteren Zeitpunkt auf den DB 610 umgerüstet worden.

Der DB 610 zeigte sich im Fall der Ju 288 als zuverlässig. Er war leistungsstark, hatte jedoch wie der DB 606 einen unvermeidbaren konstruktionsbedingten Nachteil. Aufgrund der nicht unbeträchtlichen Einbaumaße erhöhte sich der Stirnwiderstand. Dadurch verschlechterten sich die aerodynamischen Eigenschaften mit der Konsequenz einer gerin-

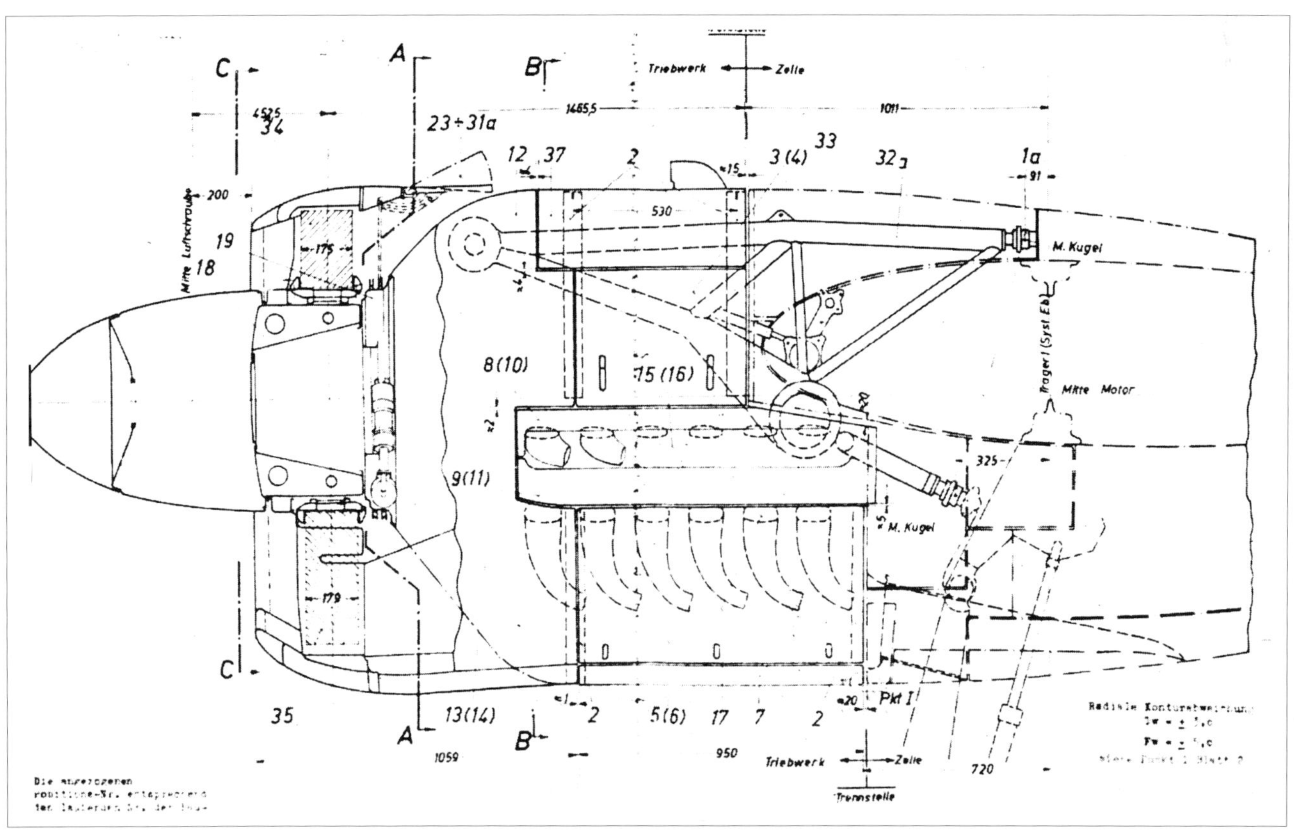

Seitenansicht des DB 610 A/B. Bei Schnitt »A« befanden sich die Kühlerklappen.

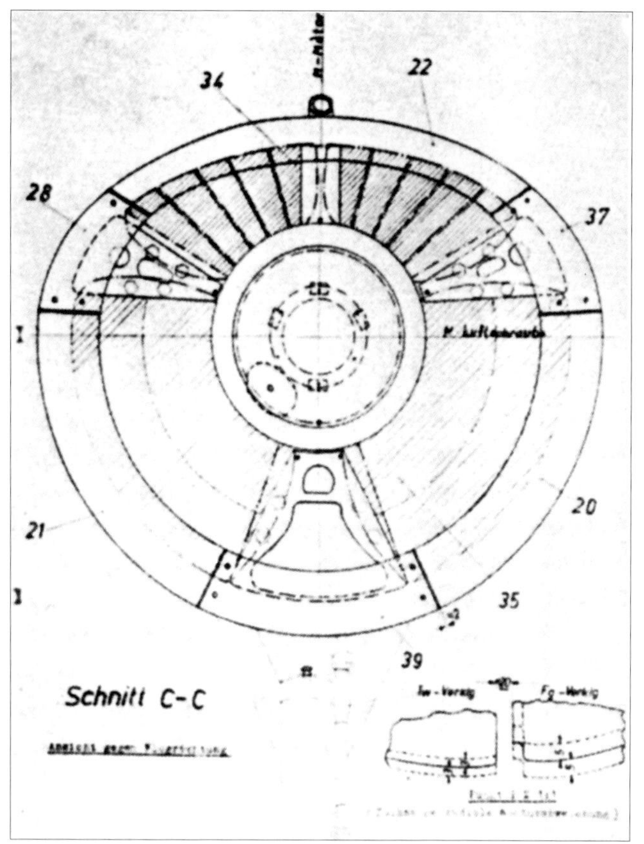

Frontansicht des ringförmigen Kühlers.

geren Geschwindigkeit des Flugzeugs bzw. eines höheren Treibstoffverbrauchs, um das Manko auszugleichen.

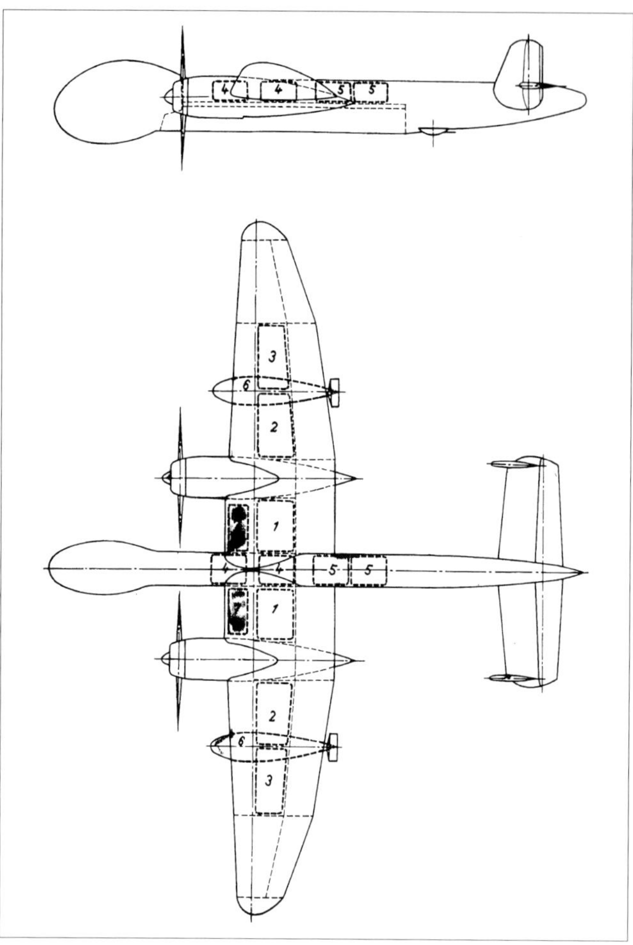

Kraft- und Schmierstofftanks der Ju 288 B.

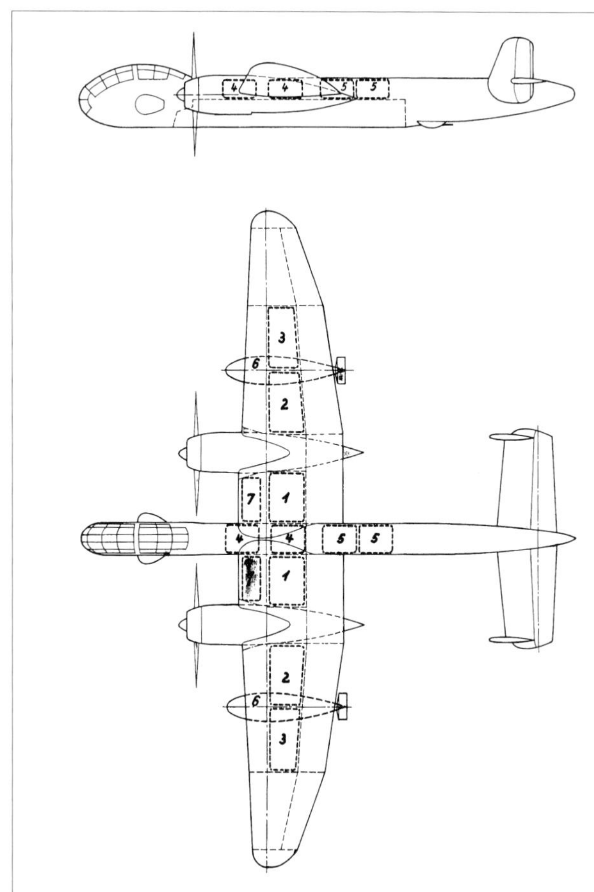

Das Betriebsstoffsystem der Ju 288 A.

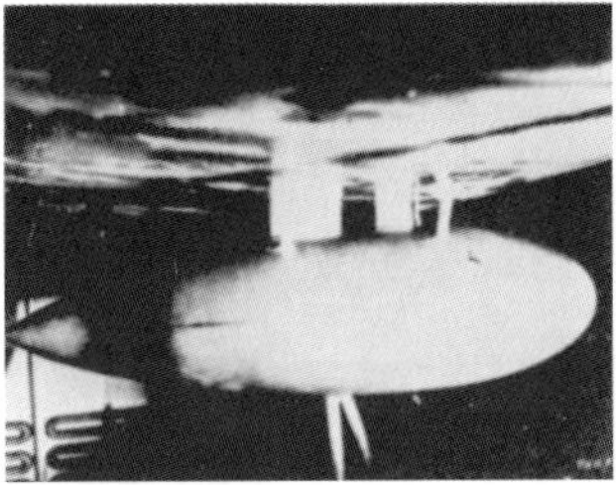
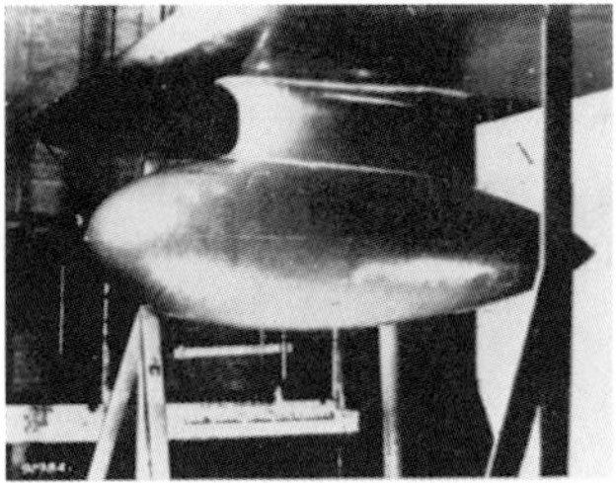
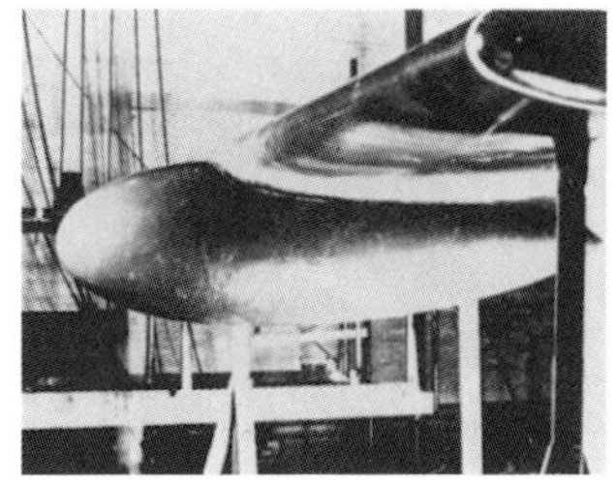

A+B+C+D Verschiedene Lösungen zur Beförderung von Zusatztanks.

Das Treibstoffsystem

Wie bereits erwähnt, wurde die Betriebsstoffkapazität der Ju 288 im Rumpf und Tragwerk untergebracht. Im Fall der Ju 288 A setzte sich diese wie folgt zusammen:

- 4 x 450 l in geschützen Sacktanks, plaziert im oberem Rumpfmittelteil zwischen Spant 2-3, 4-5, 6-7, 7-8. Die Zeichnung der Ju 288 V6 weist in diesem Bereich nur drei Behälter auf.
- 2 x 720-l-Sacktanks im Flächen-Mittelstück.
- 2 x 660-l-Sacktanks, innerer Bereich der Außenflächen.
- 2 x 400-l-Sacktanks, äußerer Bereich der Außenflächen.
- 2 x 900-l-Abwurfbehälter an Hängestationen unter dem Tragwerk.

Im Gesamten ergibt das eine Treibstoffmenge von 3250 l intern, plus 1800 l extern, gesamt 7160 l. In diesem Zusammenhang sind noch zwei 230-l-Schmierstofftanks zu nennen, welche in der Flächennase im Mittelstück installiert wurden. Die Treibstoffmenge der Ju 288 B entsprach dem Vorgängermuster.

Auch die Betriebsstoffkapazität der Ju 288 C entsprach zunächst den anderen Mustern. Eine Erhöhung der bisherigen Kapazität von 7160 l auf 8650 l (inkl. der 2 x 900-l-Abwurftanks) war in Bearbeitung.

Das Fahrwerk

Diese Baugruppe der Ju 288 gestaltete sich aus zwei doppeltbereiften Fahrwerkshälften sowie dem ebenfalls einziehbaren Spornrad. Die Doppelräder der Abmessung 935 x 345 erhielten Öldruck-Doppel-Servobremsen. Im Bereich zwischen den beiden Rädern, welche um eine durchgehenden Achse liefen, wurde ein Luftfederbein, kombiniert mit einer zusätzlichen Öldämpfung, positioniert. Die Fahrwerkshälften wurden per Gabelrahmen und den Knickstreben am Flächenmittelstück verankert. Das Fahren in Arbeits- oder Ruhestellung geschah durch eine angelenkte ölhydraulische Einziehstrebe und wurde in rückwärtiger Richtung eingezogen. Das Prinzip ist in einer *zeitgenössischen Grafik* dargestellt. Im Fall der Ju 288 B fanden Doppelbremsräder der Abmessung 1015 x 380 Verwendung. Die Spurweite der beiden Fahrwerkskomponenten betrug 5,50 m.
Das Spornrad mit einer Abmessung von 630 x 220 und dessen Einziehmechanismus kam in allen Versionen zwischen Spant 13 und 15 zum Einbau.

Gesamtansicht des doppeltbereiften Hauptfahrwerks mit 5,50 m Spurweite.

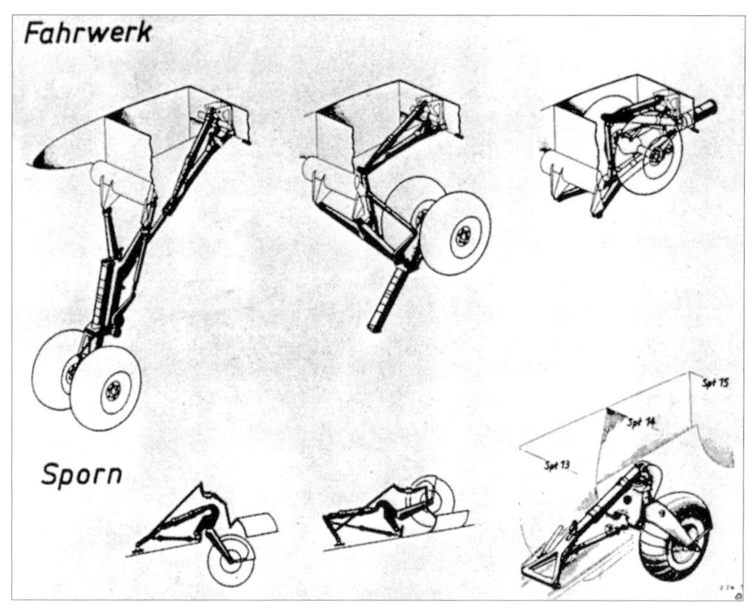

Funktionsschema des Hauptfahrwerks und des Sporns.

Die Fahrwerksklappen waren zwangsgesteuert.

Ein Hauptfahrwerksbein in verriegelter Stellung. Die Radgröße betrug 935 x 345.

Blick in den Schacht des ebenfalls hydraulisch einziehbaren Spornrades.

Das Hauptfahrwerksbein während des Einziehvorgangs.

Das Spornrad (630 x 220) mit den Komponenten Radgabel, Schmutzfänger und Dreh- bzw. Schwenkgelenk.

Die militärische Ausrüstung der verschiedenen Ju 288-Versionen

Die Bewaffnung des Musters Ju 288 wurde im Rahmen dieser Typenbeschreibung bereits intensiv behandelt und bedarf an dieser Stelle nur noch einiger ergänzenden Angaben. Informative Zeichnungen und Fotos runden dieses vielseitige Bild ab. Interessant ist in diesem Zusammenhang ein Handbuch-Auszug des Fernantriebs FA-15, welcher in gekürzter Form der technischen Beschreibung der Ju 388 zugeordnet wurde. Anbei nun einige technische Daten zu den Bordwaffen- und Bombentypen.

Einbauort des steuerbordseitigen bzw. unteren Periskopvisiers.

Im Vordergrund die Steuerung für den ferngesteuerten Waffenstand.

Das direkt hinter der Kabine installierte Periskopvisier in einer Nahaufnahme.

Details des sich direkt hinter der Kabine befindlichen B-Standes.

Attrappe des C-2-Standes.

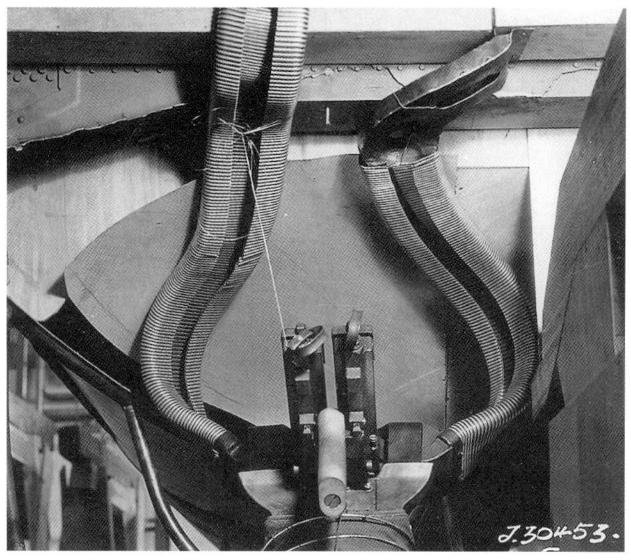

Die Munitionszuführung in der Attrappe des C-2-Standes.

Diese Art der Heckbewaffnung fand keine Zustimmung des RLM.

Die Waffenattrappen in der oberen Maximalstellung.

Die Maximalstellung der Rohre nach unten.

◂ Eine ziemlich enge Angelegenheit. Blick in das Innere des geplanten bemannten Heckstands (Attrappe).

Technische Daten der Bordwaffen im Vergleich

Technische Daten	MG 131	MG 81	MG 151	MG 151/20
Hersteller	Rheinmetall-Borsig	Mauser	Rheinmetall-Borsig	Rheinmetall-Borsig
Kaliber	13 mm	7,92 mm	15 mm	20 mm
Feuergeschwindigkeit	930 Schuß/min	1600 Schuß/min	660-700 Schuß/m in (je nach Munitionsart)	630-720 Schuß/min je nach Munitionsart)
Mündungsgeschwindigkeit	710-750 m/sek	705-875 m/sek	850-1020 m/sek (je nach Munitionsart)	695-785 m/sek (je nach Munitionsart)
Gewicht	19,7 kg	6,5 kg	42,7 kg	42,5 kg
Waffenlänge (gesamt)	1168 mm	993 mm	1916 mm	1766 mm
Lauflänge	546 mm	475 mm	1254 mm	1104 mm
Gurtgewicht (100 Schuss)	8,36 kg (Spr. Gr.)	7,8 kg	16,82 kg	19,9 kg
Gurtlänge (100 Schuss)	2385 mm	--------	3310 mm	3310 mm
Breite	233 mm	114 mm	190 mm	190 mm
Höhe	123 mm	183 mm	195 mm	195 mm
Verfeuertes Geschossgewicht/sek.	0,527 kg/sek (Spr. Gr.)	0,308 kg/sek (SmK)	0,665 kg/sek	1,08 kg/sek (M.Gr.)

Die Abwurfwaffen

Die Ju 288 war in der Lage, ein breites Spektrum an Abwurfwaffen mitzuführen. Dies geschah im Bereich des Bombenschachtes sowie extern unter den Flächen. Nachfolgend auch eine Zeichnung zur Darstellung der Belegungsmöglichkeiten:

Gemäß den Orginalunterlagen war die Ju 288 in der Lage, 14 verschiedene Bombentypen intern oder extern mitzuführen. Die Palette dieser tödlichen Ladung reichte hierbei von der SC 50 bis zum dicken »Brummer« SC 1800. Anbei eine Auswahl dieses Arsenals in tabellarischer Form:

Kennung	Bombentyp	Abmessung (mm)	Gewicht +/-
SC 50	Minenbombe	1100 x 200	50 kg, +/- 4 kg
SC 250	Minenbombe	1640 x 368	250 kg, +/- 12 kg
SC 500	Minenbombe	2010 x 470	500 kg, +/- 20 kg
SC 1000	Minenbombe	2580 x 654	1027 kg, +/- 34 kg
SC 1800	Minenbombe	3500 x 660	1832 kg, +/- 65 kg
SC 2500	Großladungsb.	3895 x 829	2500 kg
SD 500	Splitterbombe	2007 x 396	480 kg, +/- 23 kg
SD 1000	Splitterbombe	2100 x 500	1000 kg, +/- 55 kg
SD 1400	Splitterbombe	2836 x 562	1400 kg
PC 1000	Panzersprengb.	2100 x 500,	988 kg, +/- 50 kg
LM A	Flugzeugmine	2660 x 646	650 kg
LM B	Flugzeugmine	3040 x 636	1000 kg

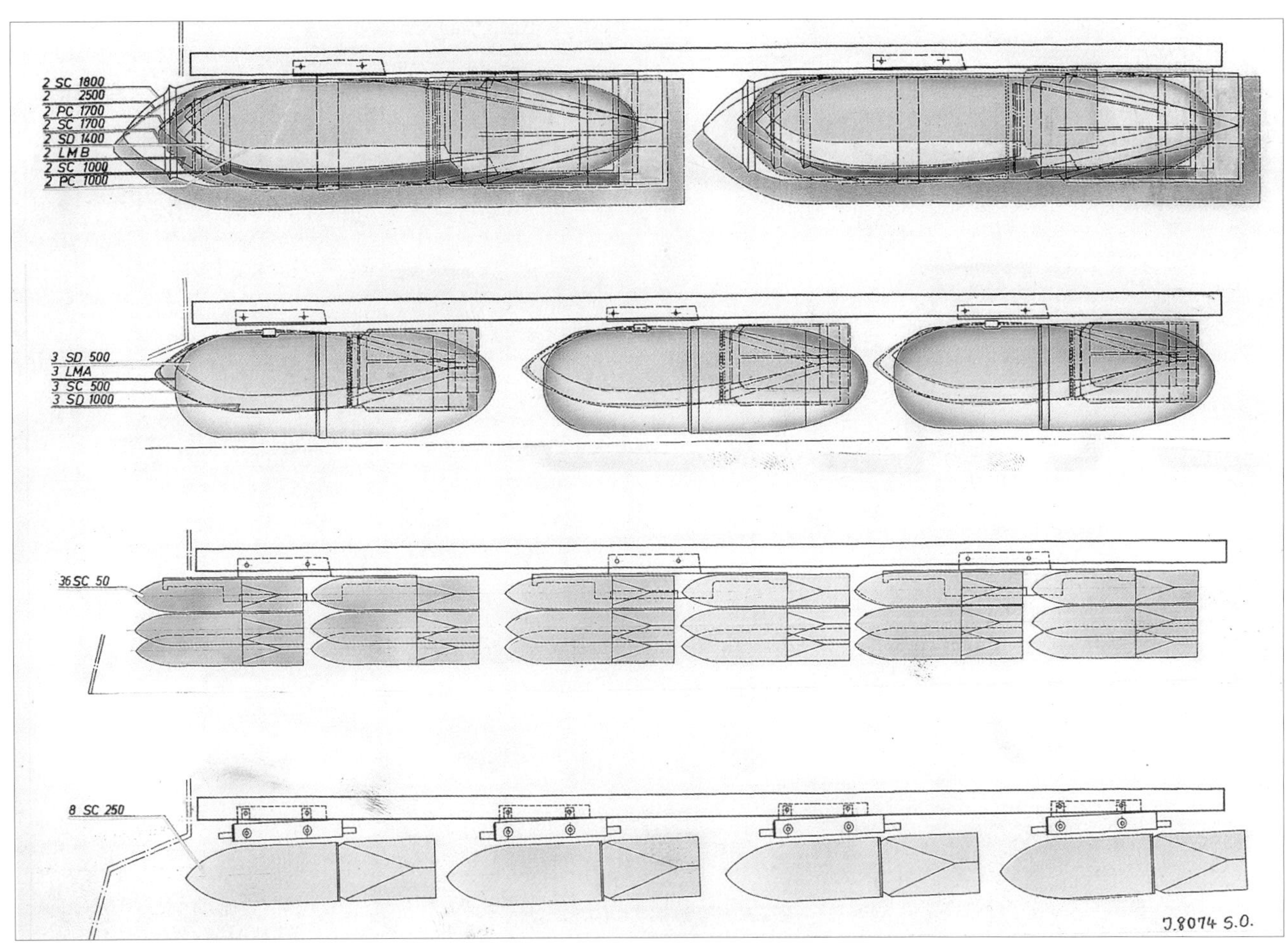

Variationen der Bombenladung, welche ohne Umrüsten des Schachtes möglich waren.

Auch solche schweren »Brummer« zu Laden war kein Problem.

◂ Blick in den Bombenraum.

A+B. Mehrere unterschiedliche Ausführungen einer verstärkten Bewaffnung waren bei dieser mit BMW 802 geplanten Version vorgesehen.

Weiterentwicklung Ju 288

1. Einbau stärkerer Bewaffnung

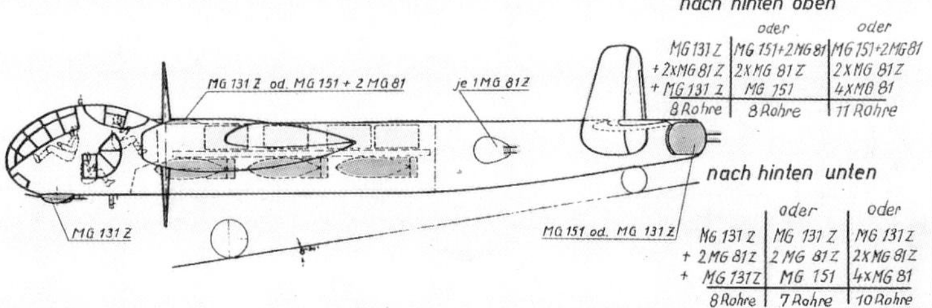

2. Einbau stärkerer Motoren (BMW 802)

Startleistung	PS	2 × 2200
Motorleistung in H = 10 km	PS	2 × 1840
Rüstgewicht	kg	12250
Kraftstoff	kg	4030
Bombenlast	kg	2000
Abfluggewicht	kg	19400
v_{max} m. $G_{o.Bo.}$ u. 1/2 Betr. St. in H = 10 km	km/h	670
v_{Reise} in H = 10 km	km/h	600
bei techn. Flugstrecke	km	3300
Dienstgipfelhöhe bei $G_{o.Bo.}$ u. 1/2 Betr. St.	m	12800
Rollstrecke/Startstrecke	m	820/1080

39059

Junkers Ju 288-Baureihen

Technische Daten im Vergleich

Technische Daten	Ju 288 A	Ju 288 B	Ju 288 C
Rumpfwerk			
Gesamtlänge	16,60 m	18,10 m	18,15 m
Höhe	4,60 m	5,00 m	5,00 m
Rumpfbreite (Mittelteil)	0,99 m	0,99 m	0,99 m
Anzahl der Längsholme	2 (oben Z-Profil, unten H-Profil)	2 (oben Z-Profil, unten H-Profil)	2 (oben Z-Profil, unten H-Profil)
Anzahl der Spanten	23 (alle 3 Segmente)	23 (alle 3 Segmente)	23 (alle 3 Segmente)
Bauausführung	Ganzmetall	Ganzmetall	Ganzmetall
Hauptbaugruppen	3 Rumpfsegmente	3 Rumpfsegmente	3 Rumpfsegmente
Höhenkammer			
Bauart	Ganzmetallbauweise (Stahl/Dural)	Ganzmetallbauweise (Stahl/Dural)	Ganzmetallbauweise (Stahl/Dural)
Spante	6 Spante	6 Spante	6 Spante
Länge	4170 mm	4170 mm	4170 mm
Innerer Überdruck	0,4 kg/cm²	0,4 kg/cm²	0,4 kg/cm²
Besatzung	3 Mann	4 Mann	4 Mann
Befestigung	4 Kugelverschraubungen	4 Kugelverschraubungen	4 Kugelverschraubungen
Scheibenstärke	8 mm Außenscheiben 2 mm Innenscheiben	8 mm Außenscheiben 2 mm Innenscheiben	8 mm Außenscheiben 2 mm Innenscheiben
Kopfpanzerung		10 mm	10 mm
Rückenpanzerung		8 mm	8 mm
Brustpanzerung		8 mm	8 mm
Sitzpanzerung		4 mm	4 mm
Tragwerk			
Spannweite (Mittelstück)	6,67 m	6,67 m	6,67 m
Spannweite (Außenfläche)		7,665 m	
Spannweite über alles	22,00 m	22,60 m	22,60 m (22,99 m)
Flächeninhalt	60,00 m²	64,70 m²	64,70 m²
Größte Flügeltiefe			
Flächenbelastung (b. Fluggew.)	288,30 kg/m²	327,70 kg/m²	336,90 kg/m²
Verbindung zum Rumpf	Schulterdecker-Anordnung	Schulterdecker-Anordnung	Schulterdecker-Anordnung
Streckung	8,10	7,90	7,90
Art der Beplankung	Dural	Dural	Dural
Fahrwerk			
Spurweite	5,50 m	5,50 m	5,50 m
Federbein	Luftfederbein mit zusätzlicher Öldämpfung	Luftfederbein mit zusätzlicher Öldämpfung	Luftfederbein mit zusätzlicher Öldämpfung
Bremsen	Öldruck-Doppel-Servobremsen	Öldruck-Doppel-Servobremsen	Öldruck-Doppel-Servobremsen
Hauptfahrwerksräder	Doppelbereift	Doppelbereift	Doppelbereift
Abmessung	935 x 345	1015 x 380	1015 x 380
Federbeine (je Einheit)	1	1	1
Einziehmechanismus	Ölhydraulische Einziehstrebe	Ölhydraulische Einziehstrebe	Ölhydraulische Einziehstrebe
Spornrad			
Radabmessung	630 x 220	630 x 220	630 x 220
Schwenkbereich	90° schwenkbar	90° schwenkbar	90° schwenkbar
Einziehmechanismus	Ölhydraulische Einziehstrebe	Ölhydraulische Einziehstrebe	Ölhydraulische Einziehstrebe
Bewaffnung (lt. Datenblatt)			
(Unterschiede innerhalb der Prototypen gesondert dargestellt) – In Klammern Schußanzahl			
A-Stand	2 x MG 81 (1400)	1 x MG 131 Z (2000)	1 x MG 131 Z (2000)
B-Stand	1 x MG 131 Z (2000)	1 x MG 131 Z (2000)	1 x MG 131 Z (2000)
C-Stand	1 x MG 131 Z (2000)	–	–
D-Stand	–	–	1 x MG 131 Z (2000)
H-Stand	1 x MG 151 (700)	1 x MG 151 (700)	1 x MG 151 (700)
Bombenlast (gesamt)	3000 kg	3000 kg	3000 kg
Beladung (wahlweise)	2 x SC 1800*	2 x SC 1800*	2 x SC 1800*
Bombentypen	2 x SC 2500*	2 x SC 2500*	2 x SC 2500*
	2 x PC 1700*	2 x PC 1700*	2 x PC 1700*
	2 x SC 1700*	2 x SC 1700*	2 x SC 1700*
	2 x SD 1400	2 x SD 1400	2 x SD 1400

* Überlast

Technische Daten	Ju 288 A	Ju 288 B	Ju 288 C
Bombentypen	2 x SC 1000 2 x PC 1000 3 x SD 500 3 x SC 500 3 x SD 1000 36 x SC 50 8 x SC 250	2 x SC 1000 2 x PC 1000 3 x SD 500 3 x SC 500 3 x SD 1000 36 x SC 50 8 x SC 250	2 x SC 1000 2 x PC 1000 3 x SD 500 3 x SC 500 3 x SD 1000 36 x SC 50 8 x SC 250
Flugzeugminen (wahlweise)	3 x LM A 2 x LM B	3 x LM A 2 x LM B	3 x LM A 2 x LM B
Triebwerke (2)			
Zylinderanzahl	24	24	24
Motorentyp	JUMO 222	JUMO 222	DB 610
Version	A/B	E/F	A/B
Zylinderanordnung	Reihe, 6 x 4 Zyl., sternförmig angeordnet	Reihe, 6 x 4 Zyl. sternförmig angeordnet	4 x 6 Zyl. in Reihe, hängende Anordnung
Bohrung	135 mm	140 mm	160 mm
Hub	135 mm	140 mm	154 mm
Gesamthubraum	46,6 l	49,8 l	71,6 l
Verdichtung	6,5	6,5	7,7/7,3
Drehzahl	2900 U/min	3000 U/min	2800 U/min
Maximalleistung			3100 PS in 2000 m
Startleistung	2000 PS	2500 PS	2950 PS
Kampfleistung	1980 PS	1750 PS	
Dauerleistung	1800 PS (2700 U/min)		2150 PS (2300 U/min)
Volldruckhöhe	6400 m	9400 m	5800 m
Leistungsbelastung kg/PS	4,30 kg/PS	4,25 kg/PS	3,70 kg/PS
Flächenleistung	66,70 PS/m²	77,30 PS/m²	91,20 PS/m²
Lader	Zweiganglader	Zweistufenlader	2 x Einstufenlader
Motorkühlung	Wasser/Glykol	Wasser/Glykol	Wasser/Glykol
Länge	2008 mm		2082 mm
Breite	1160 mm		1632 mm
Höhe	1160 mm		1057 mm
Trockengewicht	1084 kg		1530 kg / 1570 kg
Treibstofftyp	87 Oktan	87 Oktan	87 Oktan
Betriebsstoffanlage			
Behälterart	Geschützte Sacktanks	Geschützte Sacktanks	Geschützte Sacktanks
Behälter (Rumpf)	4 Behälter = 1800 l	4 Behälter = 1800 l	Kapazität entspr. Ju 288 B
Behälter (Flächen)	6 Behälter = 3560 l	6 Behälter = 3560 l	Erhöhung auf 8650 l in vergrößer ter Fläche in Arbeit
Behälter (Extern)	2 Behälter = 1800 l	2 Behälter = 1800 l	
Gesamte Treibstoffmenge	7160 l	7160 l	
Schmierstofftanks	2 x 230 l	2 x 230 l	
Luftschrauben			
Propellertyp	Junkers	Junkers	VDM
Bauart	VS 7-Verstelluftschraube	VS 7-Verstelluftschraube	Verstelluftschraube
Blattzahl	4	4	4
Durchmesser	4,00 m	4,00 m	–
Gewichtsdaten			
Rüstgewicht	11 000 kg	13 600 kg	13 000 kg
Zuladung	6300 kg	7600 kg	8800 kg
Abwurflast	3000 kg	3000 kg	3000 kg
Besatzung	300 kg	400 kg	400 kg
Abfluggewicht	17 300 kg	21 200 kg	21 800 kg
Zuladung/Fluggewicht in %	36 %	36 %	40 %
Leistungsdaten			
Marschgeschwindigkeit	565 km/h in 6000 m	545 km/h in 6000 m	520 km/h in 6800 m
Höchstgeschwindigkeit	645 km/h in 6000 m	625 km/h in 6000 m	655 km/h in 6800 m
Steiggeschwindigkeit	7,10 m/sek	6,20 m/sek	8,20 m/sek
Steigen auf (in min)		4000 m = 10 min, 6000 m = 16,5 min, 8000 m = 27 min	
Landegeschwindigkeit	180 km/h	175 km/h	175 km/h
Dienstgipfelhöhe	10 300 m	9400 m	10 370 m
Reichweite	3850 km	3600 km	3800 km
Flugdauer	7 Stunden	6,60 Stunden	5,40 Stunden
Startrollstrecke	1050 m	1100 m	1200 m
Landerollstrecke	1000 m	1000 m	1000 m

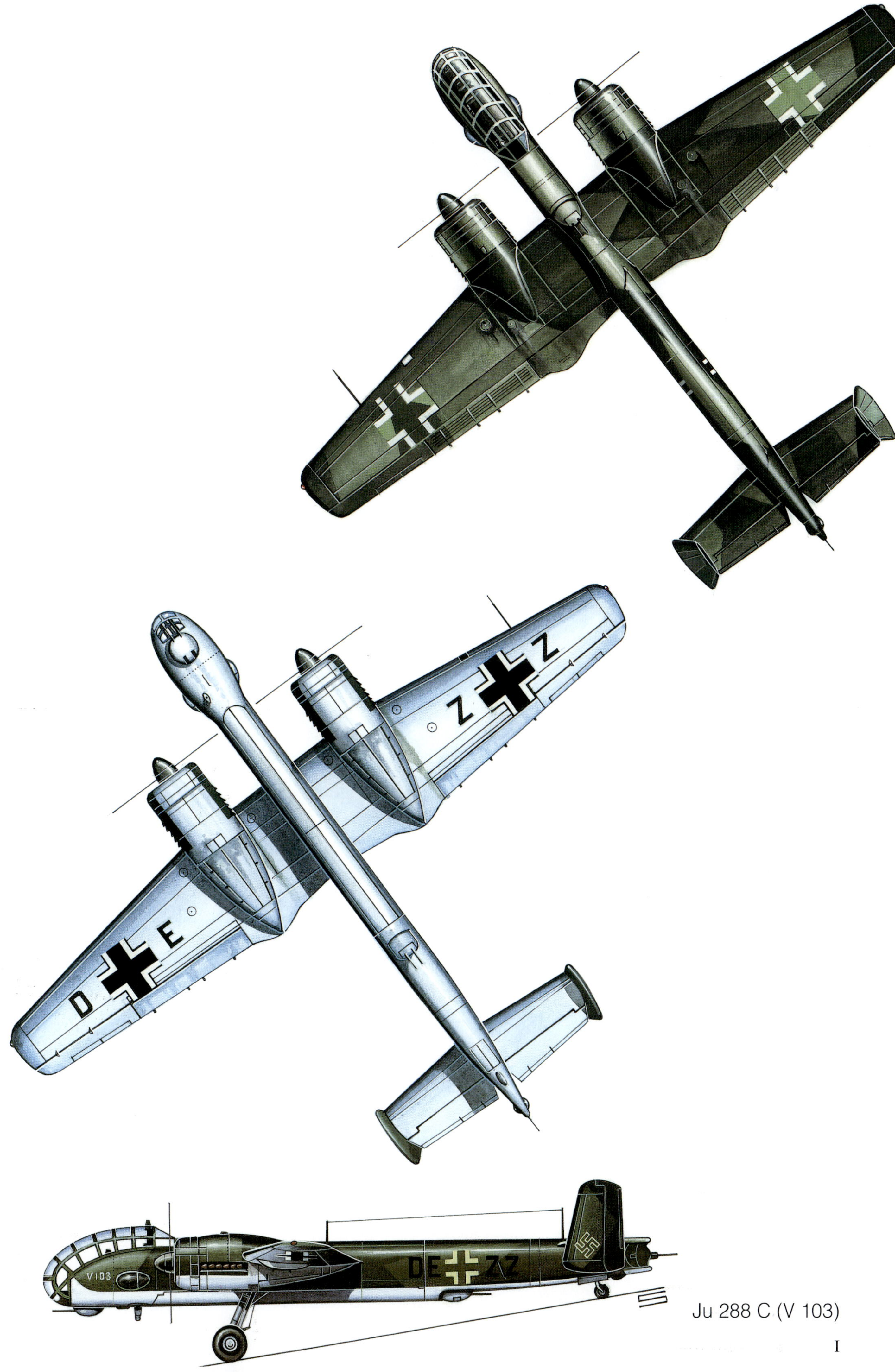

Ju 288 C (V 103)

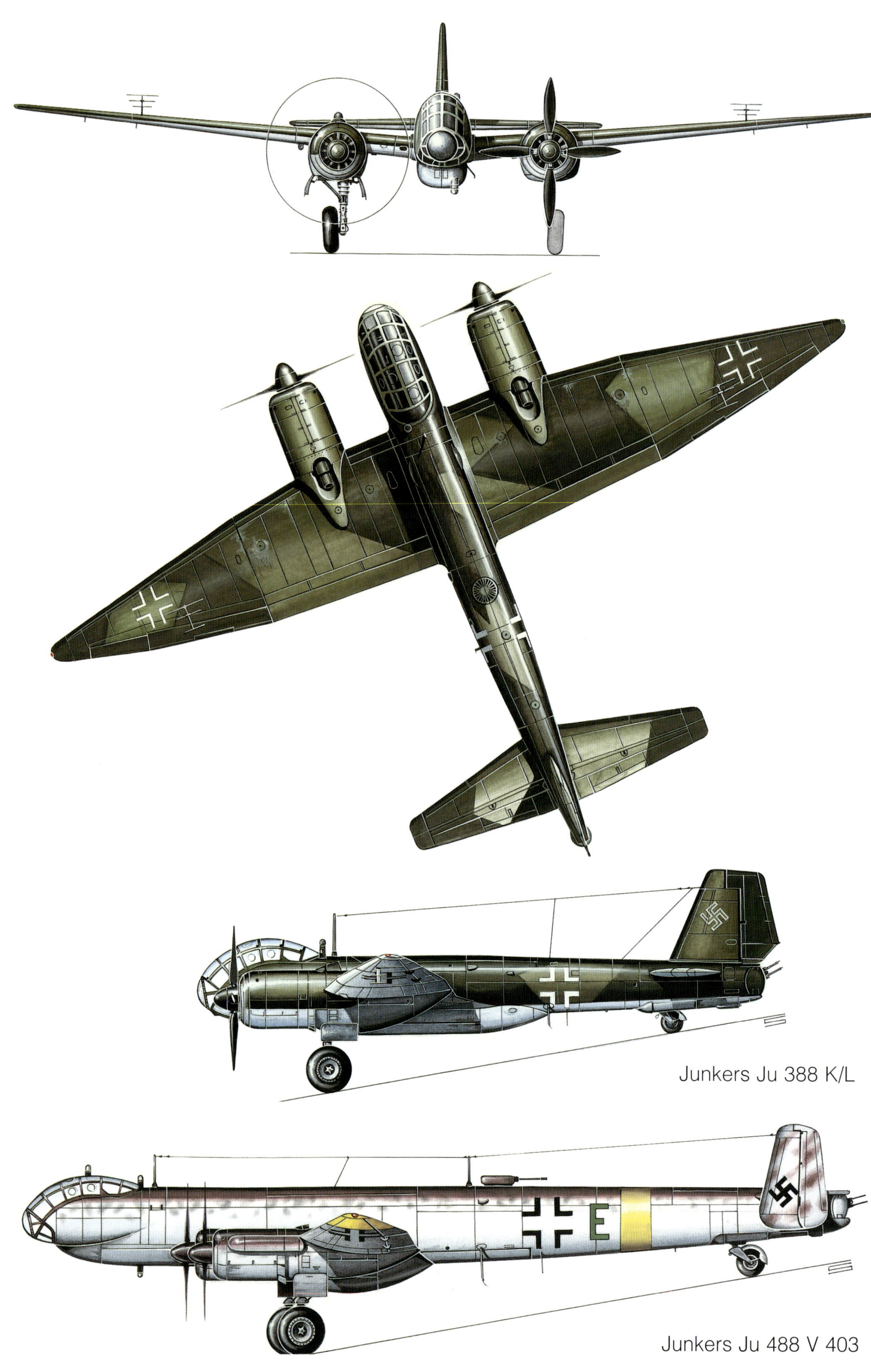

Junkers Ju 388 K/L

Junkers Ju 488 V 403

Ju 288 V3 (Detail vom Motor, Seitenansicht und Draufsicht).

Ju 288 V 103 (Details und verschiedene Ansichten).

Modellbau: Ralf Schlüter

Ju 388 L, -J und -K (Details und verschiedene Ansichten). Modellbau: Ralf Schlüter

Enthusiastische Pläne – Die Fertigungsplanung der Ju 288

Während der Entwicklung und in der Bauphase des Musters Ju 288 wurde auf eine noch engere Kooperation zwischen dem Konstruktions- und Fertigungsbereich großer Wert gelegt. Eine produktionsorientierte Konstruktionsweise schlug sich somit in der Fertigung in Form einer geringeren Zahl benötigter Facharbeiter und sonstigem Personal und einem höheren Produktionsergebnis nieder. Alle Abläufe galt es in optimaler Form zu vereinen. Die Struktur dieser Art von Organisation war gänzlich anderer Natur als beispielsweise im Ju 88-Programm. Neue Fertigungstechniken waren in Planung, das produktionsbeschleunigende Punktschweißverfahren stand in der Erprobung. Zudem erforschte man optimale Methoden bezüglich der damals noch kritischen Verschweißung von Leichtmetallen. Die Punktschweißung sollte fortan in allen möglichen Bereichen die traditionelle Nietverbindung ablösen. Das Werk Bitterfeld sollte mit einer 30000-t-Schmiedepresse ausgestattet werden. So konnten beispielsweise die zehn Meter langen Gurte des Hauptholms als ganze Einheit, also in kompletter Länge, bearbeitet werden. Es soll sich hierbei um der Welt größtes Exemplar gehandelt haben. Ein weiteres, die Produktion beschleunigendes Kriterium war die Fließbandfertigung. Fortan sollten Taktstraßen das Bild der Produktionshallen prägen. Die sogenannte »Schienenbahn« setzte natürlich besondere und gänzlich andere Anforderungen an den Vorrichtungsbau.

Der Plan, verschiedene Baugruppen von unterschiedlichen Unterauftragnehmern herstellen zu lassen, stieß schon bei der Ju 88 auf nicht unbeträchtliche Probleme. Beispiel: Ein im Jahre 1940 in großem Maßstab durchgeführter Versuch zeigte, daß vier von zehn der geprüften Teile nachbearbeitet werden mußten um sie paßgenau in ein variantengleiches Flugzeug einbauen zu können. Paßgenauigkeit der zugelieferten Teile war logischerweise die Voraussetzung einer funktionierenden Taktstraße. Man ersann die sogenannte Lochbauweise, die mittels Schablonen und Kopierverfahren die Genauigkeit bei der Herstellung entsprechender Teile wesentlich optimieren sollte. Die Lochbauweise war in der Folge die Methode, welche die traditionelle mittels Zeichnung, Vorrichtung und Meßlehre weitgehend ablösen sollte. Für die Ju 288 waren insgesamt 32 Fertigungsgruppen vorgesehen. Motoren- und Ausrüstungbereiche sind in der genannten Zahl nicht berücksichtigt.

Koppenberg sah in der Ju 288 die ideale Ausgangsbasis für seine Expansionspläne. 1940 behauptete Koppenberg vollmundig, daß es in ein paar Jahren überhaupt nur noch Junkers-Flugzeuge geben dürfe. Eine Aussage, die ein objektiv denkender Mensch wohl nur als einen »kleinen Scherz« werten durfte.

Wie gestaltete sich die Fertigung von Mittleren Bombern im Zeitraum der Jahre 1942-1944?:

Gesamtanzahl des Flugzeugtyps	Produktion 1942	Produktion 1943	Produktion 1944
Ju 88 – Ju 388 (10 633)	3094 Flugzeuge*	3530 Flugzeuge*	4009 Flugzeuge
Heinkel He 111 (3501)	1337 Flugzeuge	1405 Flugzeuge	759 Flugzeuge
Dornier Do 217 (1432)	721 Flugzeuge	711 Flugzeuge	Produktion im 4.Quartal 1943 eingestellt.
Jahreszahlen (gesamt)	**5152 Flugzeuge**	**5646 Flugzeuge**	**4768 Flugzeuge**

* Ohne Ju 388

Wie diese Zahlen vergegenwärtigen, verließen im Zeitraum 1. Quartal 1942 bis 4. Quartal 1944 10 633 Maschinen der Typen Ju 88, -188, -288 und -388 die Werkhallen. Im Zeitraum 1. Quartal bis 3. Quartal 1944 wurden noch 3501 He 111 gefertigt. Im September lief die Produktion der schon im Spanischen Bürgerkrieg kämpfende He 111 aus. Der He 177 war dieses Schicksal bereits im Mai 1944 beschieden. Auch von der Wunderwaffe der Blitzkriegära, der legendären »Stuka«, wurden in diesem Monat lediglich die letzen 21 Exemplare gebaut. Die vergleichsweise geringe Zahl von 1432 Do 217 diverser Versionen verließen vom 1. Quartal 1943 bis zur Produktionseinstellung im 4. Quartal 1943 die Endmontage. Im letzten Quartal wurde lediglich eine Do 217 fertiggestellt. Angesichts der Luftlage über dem Reich hatte der Jäger nun absolute Priorität. Dies schon alleine aus dem Grund, um die immer häufiger bombardierten Produktionsstätten zu schützen. Die folgerichtige Reaktion auf das Treiben des Feindes war die zügig durchgeführte Dezentralisierung der Produktion. Das Konzept von Speer und Saur ging augenscheinlich auf. Die Produktionszahlen erreichten ein bis dahin nie erreichtes Niveau. Doch unter welchen Bedingungen diese Zahlen erreicht wurden, insbesondere auf dem Rücken der Zwangsarbeiter und KZ-Häftlinge, steht auf einem gänzlich anderen, keinesfalls rühmlichen Blatt. Zahlreiche Dokumentationen zeugen von den damaligen Tragödien. Weitgehend vergessen wird jedoch in diesem Zusammenhang, daß auch in der Sowjetunion abertausenden Deutschen, Kriegsgefangenen oder nach dem Krieg deportierte Zivilisten, ein ähnliches Schicksal beschieden war. Zweifellos ist das keine braungefärbte Propaganda, sondern eine historisch verbürgte und unumstößliche Tatsache.

Zum Zeitpunkt, als all die hier geschilderten Ereignisse bereits brutale Realität waren, beschloß das RLM nun auch die Ju 288 entgültig ad acta zu legen. Der Junkersche Part des »Bomber B«-Programms war nicht nur das bisher aufwendigste Entwicklungsprojekt des Konzerns, sondern der gesamten bisherigen deutschen Luftfahrt schlechthin. Zudem war es neben dem ebenfalls mit zahllosen Schwierigkeiten behafteten Ju 88-Projekt das nur noch zeitweise glänzende »Aushängeschild« Heinrich Koppenbergs.

Von den Anfängen in der Vorkriegszeit bis zur wirklich restlosen Einstellung der Arbeiten an der Ju 288 gegen Mitte des Jahres 1944 verschlang das Projekt die damals gigantische Summe von 84 Millionen Reichsmark. Vergleichsweise hatte Hugo Junkers zwischen 1916 und 1929 für den Bereichs Flugzeugentwicklungen nur etwa ein Sechstel des genannten Betrages aufgewendet. (Diagramm siehe S. 51)

Betrachten wir nun die enthusiastischen Pläne anhand der folgenden Zahlen. Bauten von Prototypen sind in diesem Zahlenwerk nicht erfaßt. Die Produktionsplanung beginnt mit einer Versuchsserie, deren erstes Flugzeug im November 1940 fertiggestellt werden sollte. Je ein weiteres Exemplar sollte im März, April und Mai des Folgejahres sowie drei Maschinen im Dezember fertiggestellt werden. Soweit die Versuchsserie.

Die Nullserien, merkwürdigerweise mit A-1, respektive B-1 bezeichnet, sollten ab Januar 1942 in Produktion gehen. Der entsprechend geplante Ausstoß gliederte sich wie folgt:

Produktionsjahr	Fertigungsmonat	Stückzahl	Version
1942	Januar	1	Ju 288 A-1
1942	Februar	2	Ju 288 A-1
1942	März	3	Ju 288 A-1
1942	April	4	Ju 288 A-1
1942	Mai	5	Ju 288 A-1
1942	Juni	5	Ju 288 A-1
1942	Juli	6	Ju 288 A-1
1942	August	6	Ju 288 A-1
1942	September	0	Ju 288 A-1
1942	Oktober	0	Ju 288 A-1
1942	November	0	Ju 288 A-1
1942	Dezember	0	Ju 288 A-1
1942	Januar	1	Ju 288 B-1
1942	Februar	1	Ju 288 B-1
1942	März	1	Ju 288 B-1
1942	April	0	Ju 288 B-1
1942	Mai	2	Ju 288 B-1
1942	Juni	1	Ju 288 B-1
1942	Juli	1	Ju 288 B-1
1942	August	0	Ju 288 B-1
1942	September	6	Ju 288 B-1
1942	Oktober	5	Ju 288 B-1
1942	November	3	Ju 288 B-1
1942	Dezember	2	Ju 288 B-1

Addiert ergibt dies im Fall der Ju 288 A-1 insgesamt 32 Flugzeuge. Die B-1-Serie schlägt planmäßig mit 25 Einheiten zu Buche. Übergreifend in diesem Zeitraum waren bei Junkers der Bau von insgesamt 16 Maschinen der Großserie Ju 288 B-3 geplant. Der Bau sollte im Zeitraum August bis Dezember 1942 geschehen.
Neben Junkers selbst sollten gemäß Planungen fünf Nachbaufirmen in den Produktionsablauf eingebunden werden.
Aufgliederung der Ju 288 B-3-Produktion bis Dezember 1945:

Junkers

Wie erwähnt, beabsichtigte man in den Junkers-Werken die Ju 288 B-3 ab August 1942 in Produktion zu nehmen. Im einzelnen ergab dies bis Juni 1942 stetig wachsende Stückzahlen. Waren dies in den Monaten August / September 1941 noch jeweils Einzelstücke, erhöhte sich deren monatlicher Ausstoß im Oktober auf zwei sowie im November und Dezember auf vier, beziehungsweise acht Flugzeuge. Im Januar des Folgejahres sollte sich die Monatsrate auf 15 Maschinen erhöht haben. Unter Berücksichtigung der sogenannten »Lernkurve«, welche den Lernerfolg der Arbeiter und die stetige Optimierung des Produktionsprozesses aufgrund der gewonnenen Erkenntnisse maß, waren für Februar 25, März 40, April 50 und für Mai 1943 sogar 60 Einheiten geplant. Für den Zeitraum ab Juni 1943 bis Dezember 1945 blieb die geforderte Stückzahl von 80 Flugzeugen per Monat konstant (31 Monate x 80 Flugzeuge = 2480 Einheiten). Die Gesamtzahl der bei Junkers geplanten Ju 288 liegt bei 2743 Maschinen.

Nachbaufirmen

Gemäß den Planungen sollten fünf weitere Werke in den Fertigungsprozeß eingegliedert werden. Die geforderten Zahlen variierten hier stark, mit Ausnahme der beiden letztgenannten Hersteller.

Bei den Nachbaufirmen handelte es sich um folgende Konzerne: Arado, ATG, Dornier, Heinkel, Henschel, Siebel.
Bedauerlicherweise ist aufgrund der Dokumentenlage eine Zuordnung der genannten Firmen den durchnumerierten Nachbaufirmen nicht möglich.

Nachbaufirma 1

Hier sollte man sich ab Februar 1943 in die Produktion einklinken. Die Fertigungszahlen waren für Februar (1), März

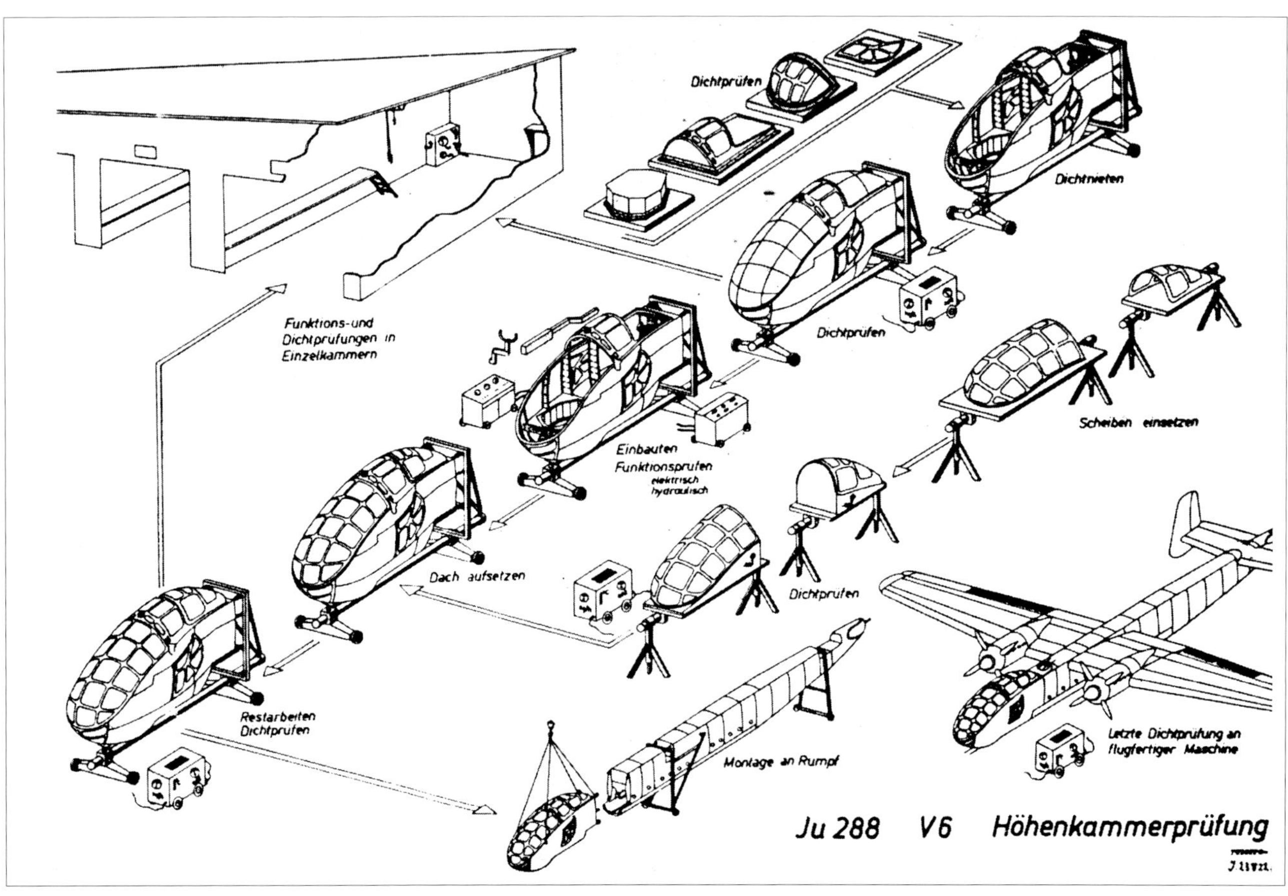

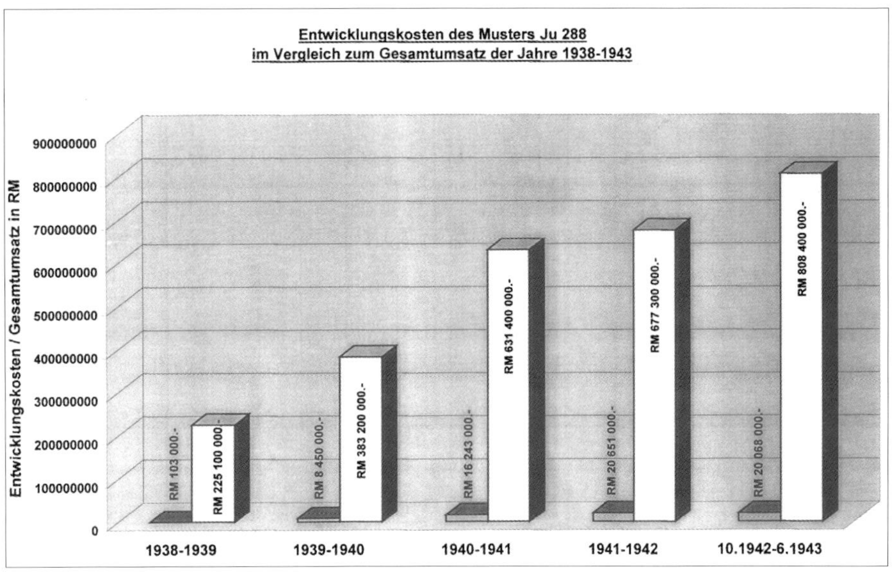

Die Kosten der Ju 288-Entwicklung in Relation zum Gesamtumsatz der Junkers-Werke.

Die Arbeitsschritte bei der Fertigung von Doppelhauben (Tunnelnaben).

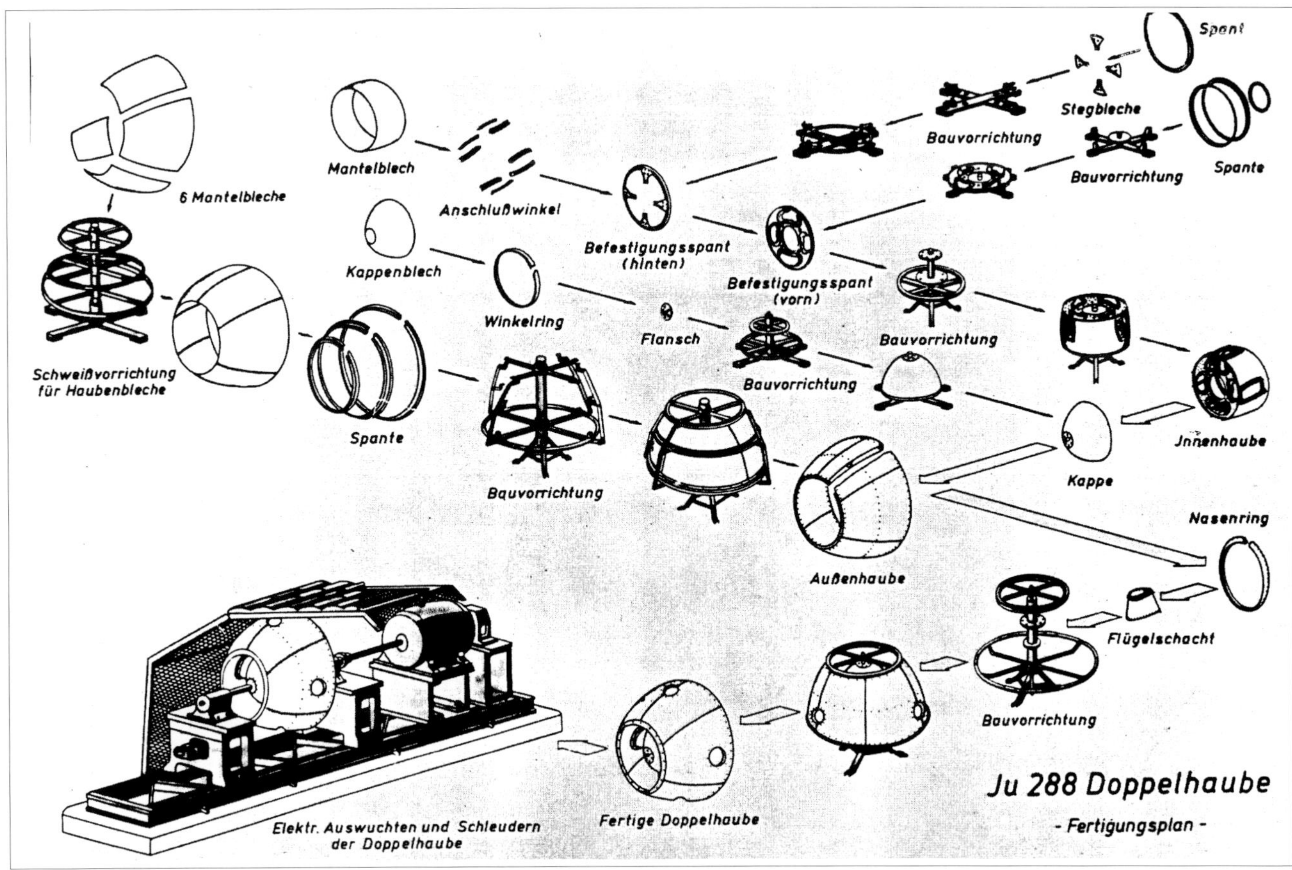

(2), April (4) und Mai mit 7 Einheiten geplant. Ab Juni bis September sollten jeweils 12, 20, 30, und im September 40 Flugzeuge die Endmontage verlassen. Anschließend, im Zeitraum von Oktober 1943 bis Dezember 1945, blieb die geplante Stückzahl konstant bei fünfundvierzig Maschinen per Monat. In der Summe ergibt dies einen Ausstoß von insgesamt 1331 Flugzeugen der Version Ju 288 B-3.

Nachbaufirma 2

Auch hier sollte die Fertigung im Februar 1943 beginnen und die Produktion, angefangen im genannten Monat mit einem Exemplar, danach über zwei, vier und acht Flugzeuge bis Mai 1943 über 15 und 25 Maschinen in den Folgemonaten sukzessive hochgefahren werden. Im August sollten bereits 40, im September sogar 50 Ju 288 B-3 die Produktionsstätte verlassen. Ab Oktober 1943 bis wiederum Dezember 1945 sollte ein konstanter Ausstoß von 60 Einheiten per Monat gewährleistet sein. Die Gesamtzahl der zu fertigenden Flugzeuge hätte in diesem Fall 1765 Einheiten betragen.

Nachbaufirma 3

Der Beginn der dortigen Aktivitäten war hier erst ab März 1943 geplant. Die anfänglichen Monatszahlen waren für März (1), April (2), Mai (4), Juni (7), Juli (12). Sukzessive sollte auch hier der Ausstoß in den Monaten August bis November über die jeweiligen Monatsstückzahlen von zwanzig, dreißig sowie vierzig im Oktober bis zu einem Maximum von 50 Einheiten ab November 1943 erhöht werden. Die Planungen mit 50 Maschinen per Monat erstreckten sich bis Dezember 1945. Im Gesamten wären somit 1416 Flugzeuge der Version B-3 in dieser Firma zur Auslieferung gekommen.

Nachbaufirma 4 und 5
Gemäß der Weisung sollten ab April 1943 beide Firmen in diese Arbeitsgemeinschaft eingegliedert werden. Die entsprechenden Monatszahlen waren jeweils identisch. In der Anfangsphase, den Monaten April bis September, waren in der Reihenfolge 1, 2, 4, 7 sowie 12 und 20 Maschinen zu fertigen. In beiden Werken sollten ab Oktober 1943 bis Dezember 1945 monatlich 25 Ju 288 B-3 produziert werden. Jede der beiden Firmen verfügte etwa über 50 % der Kapazität von Nachbaufirma 3. In Zahlen ausgedrückt bedeutete dies eine Stückzahl von 721 Flugzeugen je Hersteller.

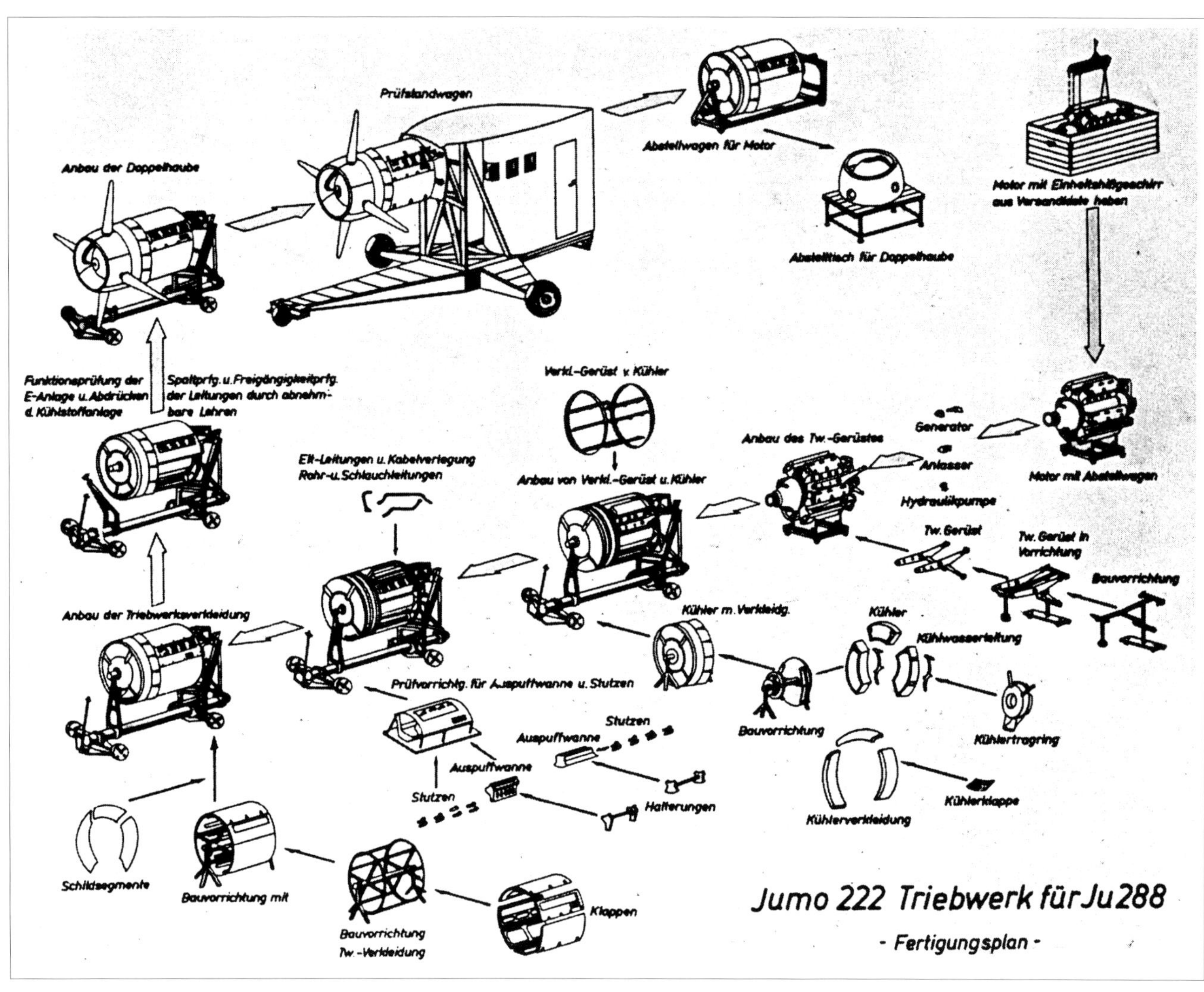

Der Fertigungsplan für JUMO 222-Motorenanlagen.

Die geplante Ju 288-Produktion in monatlichen Gesamtzahlen

Jahr	Produktionsmonat	Stückzahlen	Ju 288-Versionen
1940	November	1	Versuchsserie
1940	Dezember	0	Versuchsserie
1941	Januar	0	Versuchsserie
1941	Februar	0	Versuchsserie
1941	März	1	Versuchsserie
1941	April	1	Versuchsserie
1941	Mai	1	Versuchsserie
1941	Juni	0	Versuchsserie
1941	Juli	0	Versuchsserie
1941	August	1	Versuchsserie
1941	September	0	Versuchsserie
1941	Oktober	0	Versuchsserie
1941	November	0	Versuchsserie
1941	Dezember	3	Versuchsserie
1942	Januar	3	Versuchsserie (1), A-1 (1), B-1 (1)
1942	Februar	4	Versuchsserie (1), A-1 (2), B-1 (1)
1942	März	4	*Nullserie A-1 (3), B-1 (1)
1942	April	4	Nullserie A-1

Jahr	Produktionsmonat	Stückzahlen	Ju 288-Versionen
1942	Mai	7	Nullserie A-1 (5), B-1 (1)
1942	Juni	6	Nullserie A-1 (5), B-1 (1)
1942	Juli	7	Nullserie A-1 (6), B-1 (1)
1942	August	7	Nullserie A-1 (6), Großserie B-3 (1)
1942	September	7	*Nullserie B-1 (6), Großserie B-3 (1)
1942	Oktober	7	Nullserie B-1 (5), Großserie B-3 (2)
1942	November	7	Nullserie B-1 (3), Großserie B-3 (4)
1942	Dezember	10	Nullserie B-1 (2), Großserie B-3 (8)
1943	Januar	15	Großserie Ju 288 B-3
1943	Februar	27	Großserie Ju 288 B-3
1943	März	45	Großserie Ju 288 B-3
1943	April	62	Großserie Ju 288 B-3
1943	Mai	83	Großserie Ju 288 B-3
1943	Juni	122	Großserie Ju 288 B-3
1943	Juli	151	Großserie Ju 288 B-3
1943	August	194	Großserie Ju 288 B-3
1943	September	240	Großserie Ju 288 B-3
1943	Oktober	275	Großserie Ju 288 B-3
1943	November	285	Großserie Ju 288 B-3
1943	Dezember	285	Großserie Ju 288 B-3
1944	Januar-Dezember	je Monat 285	Großserie Ju 288 B-3
1945	Januar-Dezember	je Monat 285	Großserie Ju 288 B-3

*Im Fall der Ju 288 wurde die Nullserien mit A-1 beziehungsweise B-1 bezeichnet.

Die Summe aller aufgelaufenen Produktionszahlen ergibt insgesamt 8697 Flugzeuge der Versionen Ju 288 A-1, B-1 und B-3. Hinzu kamen zehn Maschinen der Versuchsserie, welche in der eben genannten Gesamtzahl nicht berücksichtigt wurden. Gänzlich fehlt in dieser detaillierten Aufgliederung das Muster Ju 288 C. Im Fall dieser Baureihe handelte es sich bekanntlich um eine Version, welche über die sogenannten Ausweichmotoren verfügen sollte. Da der JUMO 222 nicht verfügbar wurde, entschied man sich, der Not gehorchend, für den Doppelmotor DB 610. Somit waren zahlreiche Änderungen an der Konstruktion vorzunehmen, die jedoch das Projekt wiederum weiter verzögerten. Auch von diesen Ju 288 verließen nur Prototypen die Montagehalle.

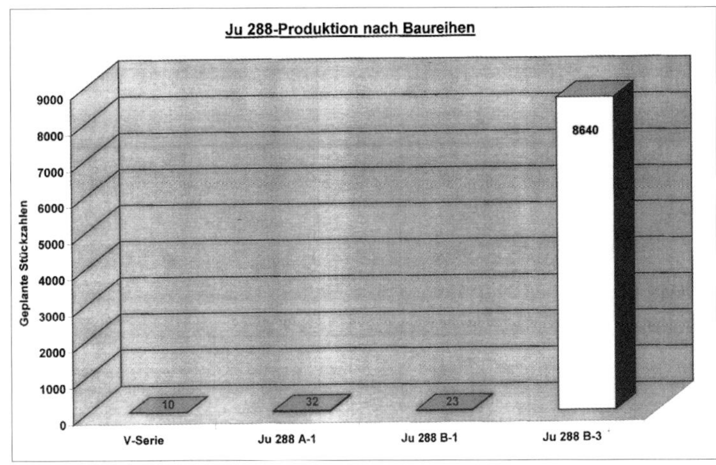

Die geplanten Stückzahlen der Ju 288 nach Baureihen.

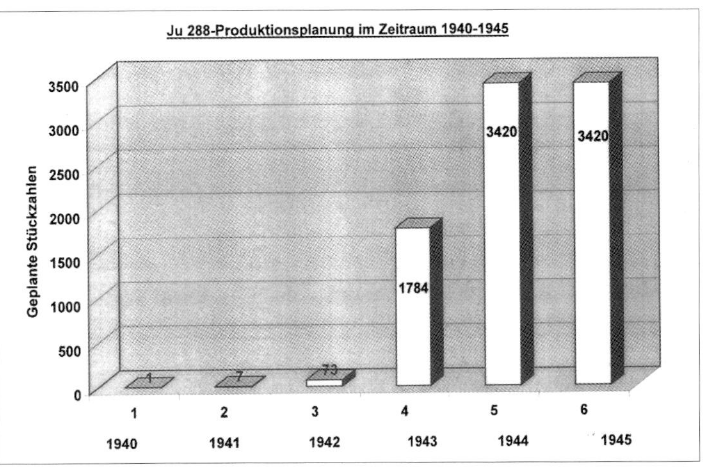

Die geplante Ju 288- Fertigung nach Jahren.

Die Realität

Von den ursprünglichen üppigen Produktionszahlen blieb letztendlich nur noch ein »Gerippe« in Form von Prototypen übrig. Diese Versuchsmuster, insgesamt 22 an der Zahl, bildeten somit das spärliche Ergebnis äußerst umfangreicher Anstrengungen im Konstruktions-, Planungs- und Fertigungsbereich. Dies unter dem Einsatz horrender, bis dahin bei keiner einzigen deutschen Flugzeugentwicklung eingesetzten Geldmittel. So teilte die Ju 288 das Schicksal der anderen Kandidaten im Rahmen des Bomber B-Programms. Zusammenfassend betrachtet zeitigte dieses Programm, an dem Arado, Dornier, Focke-Wulf, Henschel und Junkers beteiligt waren, außer Erfahrungen nicht viel. Drei davon retteten ihre Konstruktionen lediglich ins Prototypenstadium.

Angesichts des Aufwands ein mehr als mageres Ergebnis, welches durch den Prioritätenwechsel und der daraus resultierenden Entscheidung des RLM verursacht wurde. Die aufgewendeten Geldmittel, die nun zumindest augenscheinlich in den sprichwörtlichen »Sand« gesetzt wurden, waren in Kriegszeiten sicherlich nicht das ausschlaggebende Kriterium. Weit schwerer wog der Faktor Zeit, der bei allen Beteiligten, einschließlich des Kunden, der deutschen Luftwaffe, zunehmend drängte. Zwar gewann man im Zuge der Entwicklung der Ju 288 sehr wertvolle Erkenntnisse, doch der von den Verbänden dringend geforderte neue und leistungsfähigere Bombertyp blieb der Luftwaffe letztendlich vorenthalten. Die Frontverbände hatten mit dem zu kämpfen, was ihnen zugeteilt wurde. So blieben die Ju 88, He 111, He 177 und Do 217 weiterhin und dauerhaft im Einsatz.

Wechsel der Prioritäten

Nach dem Ableben des Bombers B zierten zahlreiche weitere Projekte die Reißbretter diverser Hersteller, darunter auch die Ju 388. In diesem Konglomerat verschiedener Junkers-Konstruktionen wurden keinesfalls geringere Erwartungen gesetzt, als das zu Zeiten des Bombers B der Fall war. Vom Aufwand und dessen Ergebnis erfährt der Leser in einer gesonderten Dokumentation.
Nun stellt sich die Frage, was hätte zum Zeitpunkt der Aufgabe des Ju 288-Programms zur Verfügung gestanden? Zum Einen ist Junkers mit leistungsfähigen Ausführungen der Muster Ju 88 beziehungsweise Ju 188 zu nennen. Anderseits wartete Dornier und Heinkel mit leistungsgesteigerten Versionen ihrer Standardmuster auf:

- Ju 88 S-1/S-2 mit BMW 801 G, S-3 mit JUMO 213 A
- Ju 188 A-1/A-2 / S-1 mit JUMO 213 A
- Do 217 P mit DB 603 S sowie die Version «R", ausgestattet mit DB 603 A.
- He 111 R-1/R-2/R-3, jeweils mit DB 603. Weitere Ausarbeitungen der mitttlerweile in die Jahre gekommenen Heinkel berücksichtigten die Motorentypen JUMO 213 A und E sowie den JUMO 223.

Zweifellos haben oder hätten diese Motoren das Leistungsspektrum der genannten Maschinentypen in nicht unbeträchtlicher Weise erhöht. Dennoch konnten diese Flugzeugtypen den mittlerweile durch die Leistungsfähigkeit des Gegners diktierten, also stetig wachsenden Standard nicht oder nur in ungenügender Form entsprechen. Die »Zeche« hatten oft genug die Besatzungen mit ihrem Leben zu bezahlen.

Die Trendwende ging nun in Richtung des strahlgetriebenen Bombers. Hirngespinste einer Armada bombentragender Me 262 oder strategische Jetbomber, mit denen man den Amerikanern und Engländern die zunehmende Zerstörung deutscher Städte zu vergelten gedachte, hielten schon seit längerem Einzug. In den Konstruktionsbüros der Flugzeugfirmen gedieh eine wahre Flut von entsprechenden Projekten. Nur eine verschwindend geringe Zahl dieser Entwürfe fiel auf fruchtbaren Boden. Die weit überwiegende Zahl dieser teils sehr abenteuerlich anmutenden Konstruktionen blieben, salopp ausgedrückt, eine Art ingenieurmäßige »Beschäftigungstherapie«. Abertausende Mannstunden wurden für diese all zu oft unrealistischen und keinesfalls an den Möglichkeiten orientierten Projekten aufgewendet. Die hieraus entstandenen neuen und innovativen Erkenntnisse, welche zumindest im Fall der auf dem Boden der Realität gebliebenen Entwürfe zweifellos erarbeitet wurden, diese Früchte ernteten schon bald die Sieger dieses Krieges. Für die Umsetzung im eigenen Bereich war die Uhr bereits abgelaufen. Zumindest hatte die ganze Sache den Vorteil, daß die an zahllosen Projekten arbeitenden Menschen, bedingt durch ihre jederzeit widerrufliche Freistellung, nicht an der Front »verheizt« wurden. Der »Heldenklau« hielt auch in den Flugzeugfirmen reiche Ernte. So mancher hochqualifizierte Mitarbeiter fiel an der Front für eine längst verlorende Sache.

Serienstand erreichte neben der in der Schnellbomber-Rolle ungeeignete Me 262 auch die Arado 234. Diese war zwar pfeilschnell, die Reichweitenleistung sowie die mögliche Bombenlast konnte auch hier nicht gänzlich überzeugen. Es handelte sich hier schließlich um eine neue Technologie mit all ihren Ecken und Kanten. Im Zuge einer gewissen Zeitspanne wären die Probleme zweifellos zu bewältigen gewesen. Doch Zeit war genau das, was man in diesem Stadium des Krieges nicht mehr hatte. Eine befriedigende und zudem schnell zu verwirklichenden Lösung wäre wohl die Ju 388 gewesen. In der Schnellbomber-, Aufklärer und Nachtjäger-Rolle ist zudem die hierfür nicht minder prädestinierte Do 335 zu nennen. Doch auch in diesem Fall kam man über den Status der Kleinserie nicht hinaus. Auch alle auf der Do 335 aufbauenden Entwürfe, teils mit Mischantrieb ausgestattet, verblieben im Projektstadium. Eine reelle Chance für die mittleren Bomberverbände, Nachtjäger und Aufklärer war die Ju 388. Die künftigen Ereignisse ließen jedoch auch hier nur eine sehr begrenzte Ausbringung dieses vielversprechenden Flugzeugtyps zu.

Neue Ziele

Die Notwendigkeit, eine schlagkräftige Jagdwaffe zu schmieden, forderte natürlich von anderen Bereichen der Luftrüstung ihren Tribut. Als Beispiel soll der September 1944 dienen. In diesem Monat kamen insgesamt 3821 Flugzeuge unterschiedlicher Kategorien zur Auslieferung. Dominant war natürlich die bereits zu lange vernachlässigte und nun in der Prioritätenliste höchsteingestufte Jägerproduktion. 3670 Flugzeuge zählten zur Gattung Jäger, Jabo, Nachtjäger und Aufklärer. Die Bomberwaffe mußte sich mit lediglich 118 Maschinen begnügen. Grund hierfür waren bereits vollzogene Geschwaderauflösungen oder sich in Auflösung befindliche Bombereinheiten, respektive deren Umwandlung in KG (J). Den Rest von 33 Flugzeugen stellten Transporter, Erdkämpfer und Flugboote dar. Von den brandneuen Ar 234 sowie der Ju 388 kamen 18, beziehungsweise drei Flugzeuge zur Auslieferung.

Der Favorit

Der Übergang – Die Ju 88 B

Das Thema Ju 188 soll im Rahmen dieser Dokumentation nur der Vollständigkeit halber zumindest gestreift werden. Dieses Muster war gewissermaßen als der »Lückenbüßer« nach dem Scheitern der Ju 288 entstanden. Ihre Wurzeln fußten in der Ju 88 B, welche mit sphärisch verglastem Flugzeugführerbereich ein gänzlich anderes Erscheinungsbild bot, als der »traditionelle« Ju 88-Bomber. Dieser Bereich war entsprechend der Ju 188 mit einer stufenlos und vollverglasten Vollsichtkanzel ausgestattet worden, welche der Crew ungleich bessere Sichtmöglichkeiten bot und wohl auch geräumiger war. Zudem kamen bei diesem Muster wesentlich leistungsstärkere Motoren zum Einbau. Der JUMO 211, ein Reihenmotor mit maximal 1420 PS, wich dem BMW 801. Dieser 14-Zylinder- Doppelsternmotor der Version MA verfügte über ein Leistungsvermögen von 1560 PS. Laut Datenblatt war in der Ju 88 B-0 zunächst der JUMO 213 vorgesehen. Lieferschwierigkeiten ließen die Konstrukteure auf den BMW 801 ausweichen.
Die wichtigsten Unterschiede zur Ju 88 A in der Zusammenfassung:

- Drastisch geänderter Crewbereich mit Vollsichtkanzel anstelle der Stufenkanzel.
- Ersetzen des JUMO 211F/-J durch den BMW 801 MA.
- Geänderte Bewaffnung mit 3 x MG 81 Z in B-0, 1 x MG 151, 3 x MG 17, 1 x MG 81 und 1 x MG 81 Z im B-3-Zerstörer
- Höhere Geschwindigkeit durch aerodynamische Verbesserungen

Die erste Maschine in der Konfiguration Ju 88B stellte die V23 (D-ARYB) dar. Die Werknummer 2001 startete am 19. Juni 1940 zu ihrem Jungfernflug. Flugkapitän Rupprecht Wendel flog zudem die Ju 88 V24 (D-ASGQ), welche am 30. Juli erstmals startete. In der Folge entstanden auch Flugzeuge der Vorserie B-0, die alle noch im Sommer desselben Jahres die Endmontage verließen. Die Maschinen dienten anschließend bei truppenseitigen Testreihen oder wurden vom Hersteller mit unterschiedlichen Triebwerkseinbauten sowie differierender Bewaffnung eingehend getestet. All diese Flugzeuge bilden das direkte Bindeglied zur Ju 188. Diese Flugzeuge trugen zunächst die Bezeichnung V101-V110, die zu einem späteren Zeitpunkt in V23-V32 geändert wurde. Die Ju 88 V25 stellte hierbei die Zerstörervariante dar (NH+AK).

Die Ju 88 V6, das Musterflugzeug der A-Serie mit Vierblatt-Propeller.

Werksmodell der Ju 88 B.

Details des Werkmodells mit insgesamt sechs Unterflügelstationen.

Familienband – Die Ju 188

Da sich in der Reihe »Vom Orginal zum Modell« mit der Ju 188 die Dokumentation von Helmut Erfurth befassen wird, soll hier nur der Weg zur Ju 388 nachgezeichnet werden.
Das erste wirkliche Ju 188-V-Muster (V1) entstand aus der Ju 88 V44 (NF+KQ). Die Maschine erhielt die für die Ju 188 typischen Triebwerke, zwei BMW 801 G. Zudem wurde der Leitwerksbereich vergrößert. Der dem Ju 188 E-Standard entsprechende Prototyp, wiederum mit Flugkapitän R. Wendel am Steuerhorn, startete zum Jungfernflug. Das Flugzeug wurde zudem von Luftwaffenpersonal nachgeflogen, wobei man auch hier zu einer positiven Gesamtbewertung kam.

Zunächst war die Ju 188 nur als Zwischenlösung gedacht. In diesem Stadium konnte man bestenfalls ahnen, daß sich diese »Notlösung« so gut bewähren würde und zur Ausstattung der Frontverbände bis Kriegsende zählen sollte. Die Ju 188 erbrachte gute Leistungen, war zuverlässig und wurde daher von den Besatzungen dementsprechend gerne geflogen. Das Muster stand in der Folge in zahlreichen Varianten in Entwicklung und bewährte sich in der Bomber- und Aufklärerrolle.
Im Gegensatz zur normalen Reihenfolge der Baureihenbezeichnung kam bei der Ju 188 die E-Version zuerst zur Auslieferung. Grund hierfür war die noch nicht erreichte Serien-

Die Ju 88 V44 wurde nach entsprechendem Umbau die erste Ju 188 (NF+KQ).

Flugaufnahme der umgebauten Maschine. Die JUMO 211 wichen BMW 801-Motoren.

reife des bereits erwähnten JUMO 213, welcher den Bau dieser Version bis 1943 verzögerte. Gut, daß es den BMW 801 gab, der so manches Projekt vor dem »Kippen« bewahrte. Die nachfolgende Kurzübersicht bietet einen Einblick in die Typenvielfalt der Ju 188.

- Ju 188 E – E-0, E-1 = Bomber, E-2 = Torpedobomber.
- Ju 188 F – F-1, F-2 = Fernaufklärer.
- Ju 188 G – G-0, G-2 = Bomber, vermutlich nur Prototypen gebaut.
- Ju 188 H – H-2 = Fernaufklärer, nur Projekt, Basis Ju 188 C.
- Ju 188 R – R-0 = Nachtjäger-Prototyp.
- Ju 188 A – A-0, A-2 = Bomber, A-3 = Torpedobomber.
- Ju 188 C – C-0 mit bemanntem Heckstand, wahlweise ferngesteuerter Heckstand, nicht verwirklicht.
- Ju 188 D – D-1 = Aufklärer, D-2 = Seeaufklärer, Muster gebaut.
- Ju 188 S – S-1 = Höhenbomber mit Druckkabine, unbewaffnet. Es wurden nur V-Muster gebaut. Varianten S-1/V1 mit BK 5.
- Ju 188 T – T-1 = Aufklärer auf der Basis der S-1.

Soweit die Ju 188-Typenübersicht in einer Kurzform. Von diesem bewährten Muster wurden 1036 (nachweisbare) Exemplare gefertigt. Der Anteil der Bomber lag hierbei bei 500 Einheiten. Die drei hier nicht aufgelisteten Baureihen bildeten den Übergang zur Ju 388.

Umgetauft – Die Muster Ju 188 J, -K und -L

Im September 1943 wurde das sogenannte »Hubertus-Programm« verabschiedet. Es diente als Rahmen für die Weiterentwicklung der Ju 188 zum leistungsgesteigerten Folgemuster Ju 388. Dies sollte in drei Grundversionen geschehen. Wie so oft sorgte auch hier die Motorenseite für so manche Schwierigkeiten mit den daraus resultierenden Verzögerungen. Die Ju 388 war ab Herbst 1943 neben den Strahlflugzeugen einer der Hoffnungsträger der zunehmend bedrängten Luftwaffe. Im Gegensatz zur Do 335, deren Novum eine für Kolbenantriebe atemberaubende Geschwindigkeit darstellte, sollte die Ju 388 ihr Heil in großen Flughöhen suchen. Zum Unterschied zur Do 335 sollte die ansonsten eher konventionell konstruierte Ju 388 über ein bisher nur sehr seltenes Merkmal verfügen: die Druckkabine, welche eine Dienstgipfelhöhe bis 13 km ermöglichte. Hohe Geschwindigkeit, gepaart mit der Fähigkeit überlegen in großen Höhen zu operieren, hätte wohl auch in den Zeiten der zunehmenden alliierten Luftüberlegenheit zumindest für den Rückgang der eigenen Verluste gesorgt. Von durchschlagenden Erfolgen war man ohnehin unerreichbar weit entfernt.

Die Grundlage für die künftige Weiterentwicklung, die zu zahlreichen Ju 388-Varianten führte, bildeten die Ju 188-Versionen J, K, und L, welchen nun die RLM-Nummer 388 zugeteilt wurde. Die Muster waren für folgende Aufgaben vorgesehen:

- Ju 388 J (Tagzerstörer, Tagjäger, Nachtjäger)
- Ju 388 K (Höhenbomber)
- Ju 388 L (Höhenaufklärer, Tagaufklärer, Nachtaufklärer)

Das erste V-Muster in Ju 388-Konfiguration stellte die Ju 388 LV1 dar, der Prototyp für die Aufklärerserie. Das Flugzeug entstand Ende des Jahres 1943 aus einer Ju 188 T-Zelle. Die nachfolgende Werkserprobung sowie weitere Tests in Rechlin ergaben auch hier ein positives Bild. ATG erhielt in der Folge den Auftrag zur Umrüstung von zehn Ju 188-Zellen auf Ju 388 L-Standard. Das erste Flugzeug dieser Umbaumaßnahmen gelangte im August 1944 zur Luftwaffe. In Merseburg sollte die Serienversion L-1 gefertigt werden. Die entsprechenden Vorbereitungen waren zu diesem Zeitpunkt nahezu abgeschlossen. Befassen wir uns nun mit der Technik der Ju 388.

Die Aufklärer-Variante Ju 388 L war mit drei Reihenbildkameras ausgestattet.

Kanzel- und Motorenbereich der Ju 388 V1 (DW+YY). Unter dem Rumpf wurde der »Waffentropfen« WT 131Z montiert.

Die Ju 388 V1 trug an den Ober- und Seitenflächen einen Anstrich in RLM 02. Unterseiten RLM 65, möglicherweise auch RLM 76. Kanzelstreben vermutlich in RLM 66. Die Kennungen wurden in schwarz angebracht.

Eine Nahaufnahme der Ju 388 V2. Die Waffenwanne nahm zwei 20-mm- und zwei 30-mm-Waffen auf. Dazwischen plaziert wurde ein Periskopvisier.

Die Nachtjagdvariante war unschwer am sogenannten »Hirschgeweih« zu erkennen. Im Bild die Ju 388 V2.

Ein Foto des Prototyps der Bomberausführung, die Ju 388 V3.

Auch die Bomberversion verfügte über BMW 801 TJ-Motoren. Der markanteste Unterschied zur J-Version zeigte sich im Rumpfbereich in Form der hölzernen Bombenwanne.

Die »Blutsverwandtschaft« zur Ju 188 ist unverkennbar.

Flugzeuge wie die Ju 388 lassen das Herz eines Luftfahrtenthusiasten höher schlagen.

Die Ju 388 V3 trug das Kennzeichen PG+YB, welches an den Rumpfseiten und den Tragflächen-Unterseiten angebracht wurde.

Die Technik der Ju 388

Allgemeine Darstellung

Die nachfolgend im Orginaltext gezeigte Baubeschreibung behandelt die Ju 388-Muster L-1 und J-3. Es handelt sich um eine sogenannte Kurz-Baubeschreibung, welche aufgrund ihres beschänkten Umfangs nicht alle Fragen befriedigend beantwortet. Weitere Daten zu den technischen Belangen findet der Leser im Teil »Die Varianten der Ju 388« und in der Tabelle mit ausführlichen technischen Informationen. Die Junkers-Bescheibung und die Baubeschreibung der K-0 wird im Orginaltext wiedergegeben, lediglich die einzelnen Passagen bezüglich der besseren Typenübersicht sind anders zugeordnet worden.

Junkers-Kurzbeschreibung (L-1, J-3) und Bauanweisung (K-0), wie folgt:

Allgemeines

Das Flugzeugmuster Ju 388 ist eine Weiterentwicklung der Ju 188, die durch ihre Flughöhe und Geschwindigkeit den Einsatz in besonders schwierigen Lufträumen ermöglichen soll.

Die hat damit die Vorteile der erprobten Flugeigenschaften, der gleichen fliegerischen Handhabung, der im wesentlichen bekannten Wartung und des eingespielten Nachschubes.

Aus der Aufgabenstellung eines Höhenschnellflugzeuges ergab sich nur für einzelne Bauteile die Notwendigkeit von Entwicklungsmaßnahmen zur Widerstands- und Gewichtsverringerung sowie zur Umstellung auf den Höhenflug.

Widerstandsverringerung

Der Besatzungsraum wurde gegenüber der Ju 188 verkleinert, die Störungen der Luftströmung durch Ausbau des B-Standes und die aerodynamische Form durch einen schmaleren Besatzungsraum und Fortfall der Liegewanne verbessert. Die Bewaffnung ist auf den fernbedienten Heckstand beschränkt, der aufgrund seiner Lage und Abmessungen fast widerstandsfrei ist.

Höhenflugentwicklung

Einbau von Höhentriebwerken 9-8801 J-0 (BMW 801 J-1 mit Abgasturbolader). Der Besatzungsraum wird als Druckkammer ausgebildet.

Ju 388 L-1

Verwendungszweck: Zweimotoriger Tag- oder Nachtjäger

Hauptdaten

Beanspruchungsgruppe H, Verwendungsgruppe 3.

Zulässiges Landegewicht 12 000 kg.

Flügelfläche 56 m², Spannweite 22 m.

Ju 388 J-3

Verwendungszweck: Zerstörer und Nachtjäger

Der allgemeine Aufbau ist der selbe wie bei der Ju 388 L-1. Aufgrund des Einbaus eines anderen Triebwerkes (9-8213 D-1) und des anders gearteten Einsatzes ergaben sich jedoch folgende Änderungen:

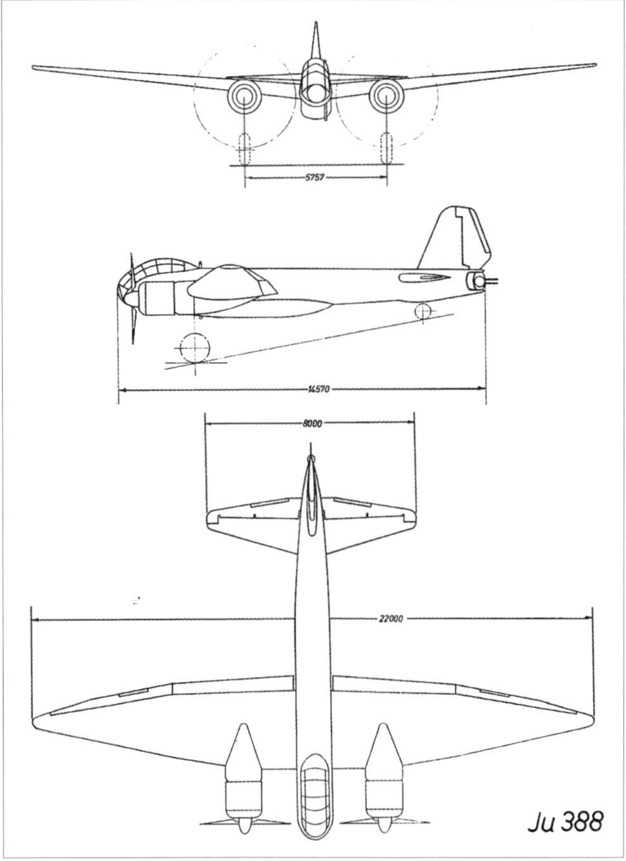

Dreiseiten-Darstellung der Ju 388 K-1 mit Bemaßung.

Ju 388 K-0

Im Fall der Ju 388 K-Version handelte es sich um ein Bombenflugzeug, welches aufgrund seines anders gearteten Einsatzspektrums zahlreiche Unterschiede zu den beiden anderen Baureihen aufwies. Die Bauanweisung war gültig für eine Order über 20 Flugzeuge. Die entsprechende Beschreibung, die Ju 388 K-0 betreffend, weist folgende Details aus:

Der Cockpit-Bereich

Bedienanlage (K-0)

Neue Bedienanlage. Hebel und Geräte auf Bedientisch ähnlich wie Ju 188 E-1.

Höhenatmeranlage

Höhenatmergerät 41 für drei Mann im Besatzungsraum (3 x 4 Kugelstahlflaschen in der rechten Tragfläche. Einbau von 16 Flaschen möglich.

Die Druckkabine

Höhenkammer (L-1)

Der Besatzungsraum ist als druckdichte Höhenkammer (Vollsichtkanzel) für einen inneren Überdruck von 0,2 atü ausgebildet. Bei einer Flughöhe von 13 km beträgt die Innenhöhe demnach 8 km.

Für die Aufrechterhaltung des Innendrucks wird von der Ladeluft der Motoren eine bestimmte Menge abgezweigt und der Höhenkammer zugeführt. Die durch einen Filter gereinigte Ladeluft bewirkt mit ihrer Wärme gleichzeitig eine Aufheizung der Kammer. Anschlüsse für Heizbekleidung sind außerdem vorhanden.

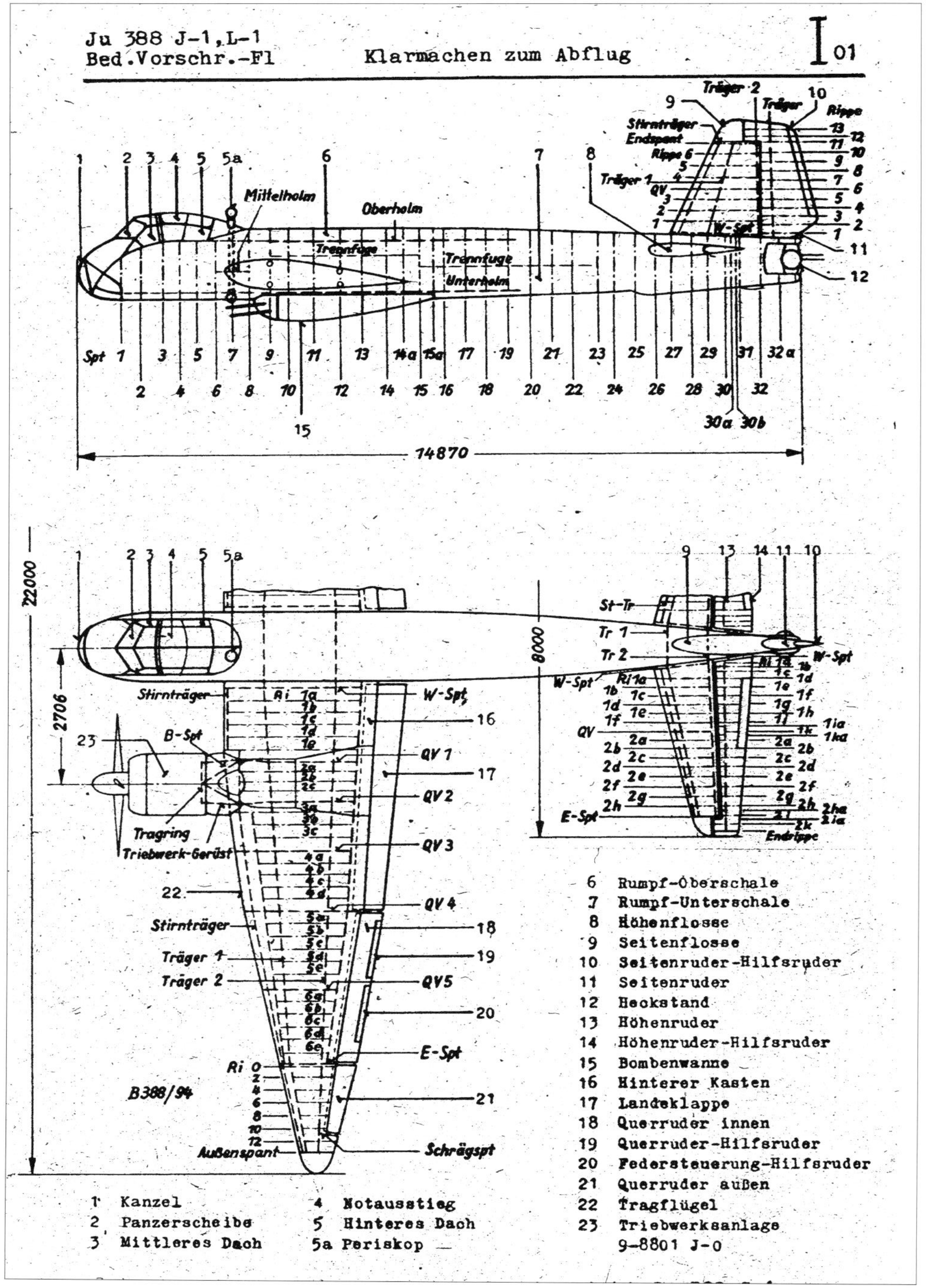
Ju 388 J-1,L-1
Bed.Vorschr.-Fl
Klarmachen zum Abflug
I 01
Mittelholm
Oberholm
Trennfuge
Unterholm
Träger 2
Träger
Rippe
Stirnträger
Endspant
Träger 1
W-Spt
14870
22000
2706
8000
Stirnträger
B-Spt
Tragring
Triebwerk-Gerüst
Träger 1
Träger 2
B388/94
Außenspant
Schrägspt
E-Spt
QV 1
QV 2
QV 3
QV 4
QV5
St-Tr
Tr 1
Tr 2
Endrippe
1 Kanzel
2 Panzerscheibe
3 Mittleres Dach
4 Notausstieg
5 Hinteres Dach
5a Periskop
6 Rumpf-Oberschale
7 Rumpf-Unterschale
8 Höhenflosse
9 Seitenflosse
10 Seitenruder-Hilfsruder
11 Seitenruder
12 Heckstand
13 Höhenruder
14 Höhenruder-Hilfsruder
15 Bombenwanne
16 Hinterer Kasten
17 Landeklappe
18 Querruder innen
19 Querruder-Hilfsruder
20 Federsteuerung-Hilfsruder
21 Querruder außen
22 Tragflügel
23 Triebwerksanlage
9-8801 J-0

Rippen- und Spantenplan der Ju 388 J-1.

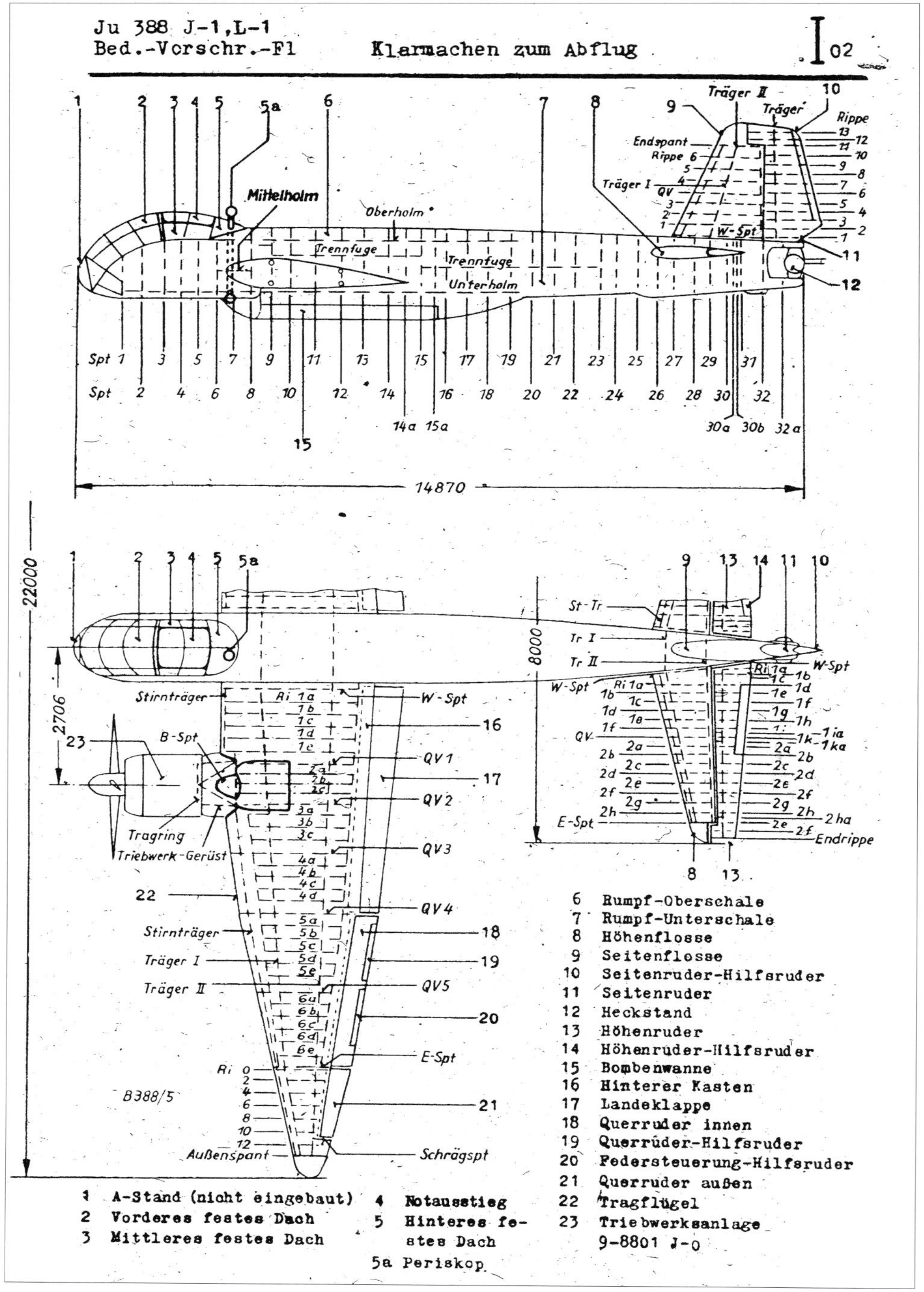
Ju 388 J-1,L-1
Bed.-Vorschr.-Fl
Klarmachen zum Abflug
I 02
Mittelholm
Oberholm
Trennfuge
Unterholm
Träger II
Träger
Rippe
Endspant
Träger I
W-Spt
14870
22000
2706
8000
Stirnträger
B-Spt
Tragring
Triebwerk-Gerüst
Träger I
Träger II
B388/5
Außenspant
Schrägspt
E-Spt
St-Tr
Tr I
Tr II
Endrippe
1 A-Stand (nicht eingebaut)
2 Vorderes festes Dach
3 Mittleres festes Dach
4 Notausstieg
5 Hinteres festes Dach
5a Periskop
6 Rumpf-Oberschale
7 Rumpf-Unterschale
8 Höhenflosse
9 Seitenflosse
10 Seitenruder-Hilfsruder
11 Seitenruder
12 Heckstand
13 Höhenruder
14 Höhenruder-Hilfsruder
15 Bombenwanne
16 Hinterer Kasten
17 Landeklappe
18 Querruder innen
19 Querruder-Hilfsruder
20 Federsteuerung-Hilfsruder
21 Querruder außen
22 Tragflügel
23 Triebwerksanlage
9-8801 J-0

Vergleichende Ansichten der Ju 388 L-1.

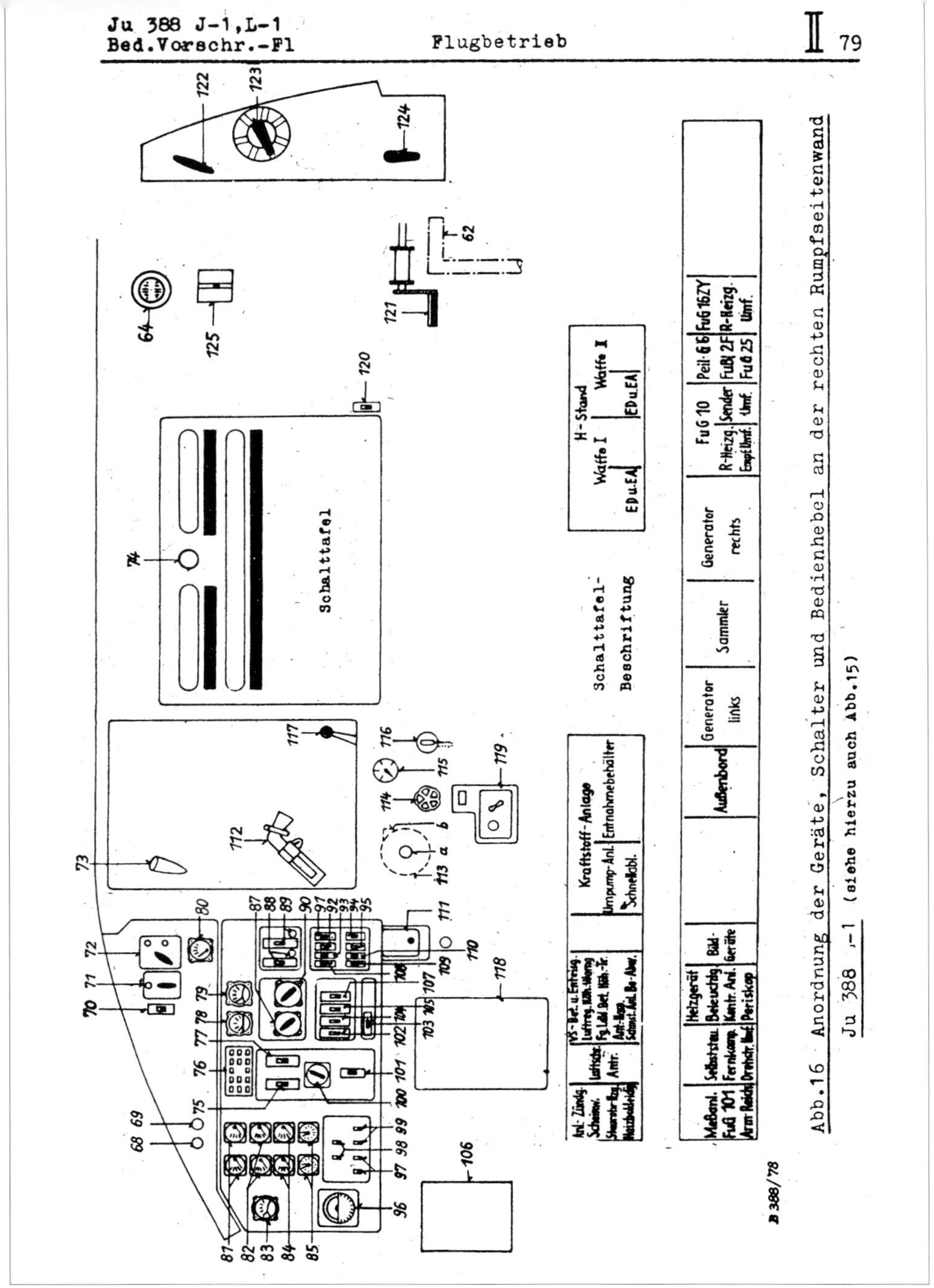

Ju 388 J-1,L-1
Bed.Vorschr.-Fl

Flugbetrieb

II 79

Schalttafel

Schalttafel-
Beschriftung

H-Stand

Waffe I	Waffe I
ED u. EA	ED u. EA

Anl.-Zündg. Scheinw. Steuerstrom-Reg. Warmluftschieber	Luftschr. Antr.	VS-Bet. u. Enteisg. Luftreg. Kühl-Wamg. Fg. Lad. Bet. Kühl.-Tr. Anl.-Kupp. Schnell-Anl. Bo.-Abw.	Kraftstoff-Anlage Umpump-Anl. Schnellabl.	Entnahmebehälter

Meßanl. FuG 101 Arm. Reichs	Selbststeu. Fernkomp. Drehkr. Mad.	Heizgerät Beleuchtg. Kontr. Anl. Periskop	Bild-Geräte		Außenbord	Generator links	Sammler	Generator rechts	FuG 10 R-Heizg. Empf.Umf.	Sender Umf.	Peil-G 6 FuBl 2F FuG 25	FuG 16ZY R-Heizg. Umf.

B 388/78

Abb.16 Anordnung der Geräte, Schalter und Bedienhebel an der rechten Rumpfseitenwand

Ju 388 J-1 (siehe hierzu auch Abb.15)

Die Cockpit-Gestaltung der Ju 388 L-1.

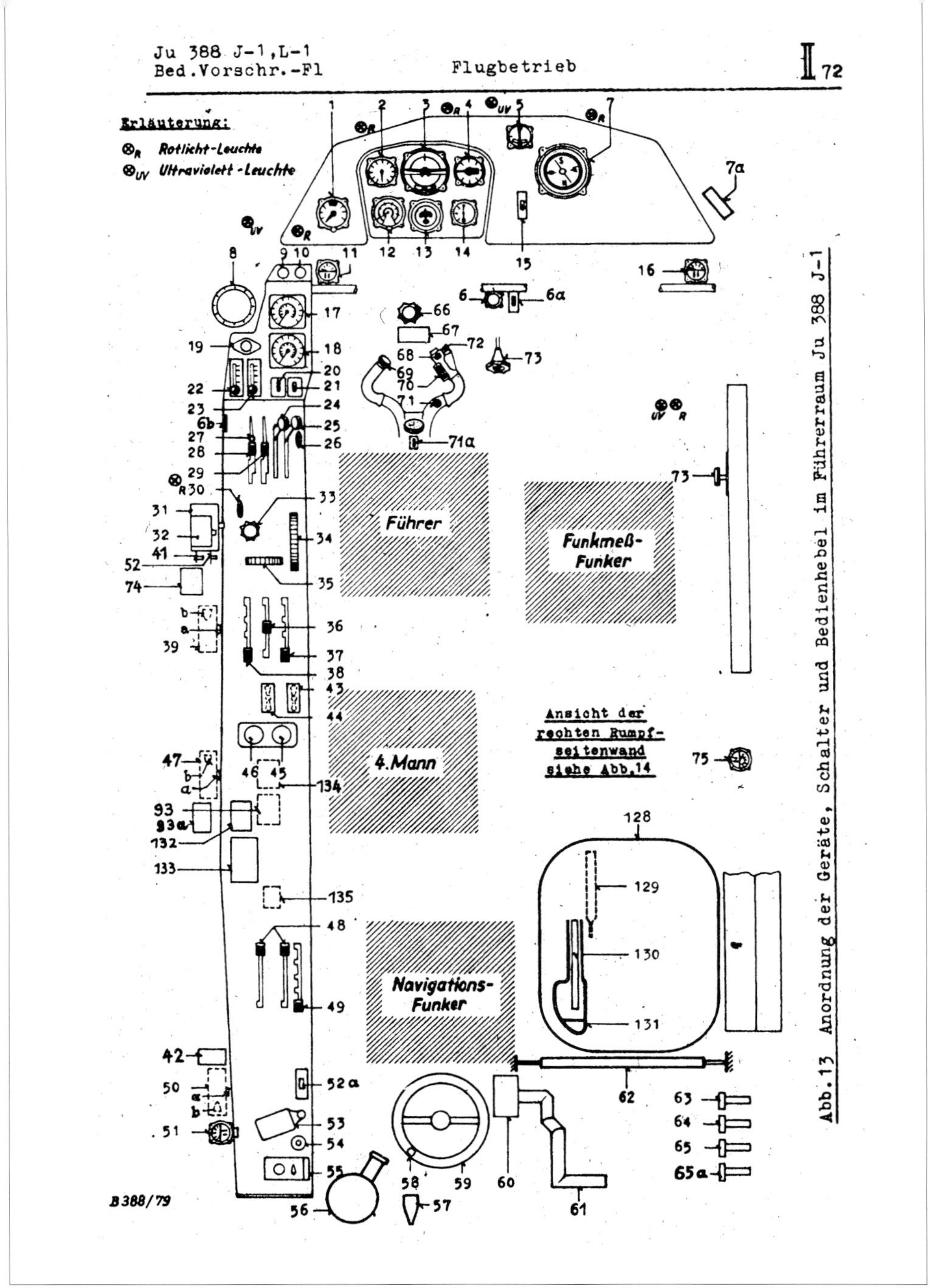

Ju 388 J-1,L-1
Bed.Vorschr.-Fl

Flugbetrieb

II 72

Erläuterung:
⊗R Rotlicht-Leuchte
⊗UV Ultraviolett-Leuchte

Führer

Funkmeß-Funker

4.Mann

Navigations-Funker

Ansicht der rechten Rumpfseitenwand siehe Abb.14

B 388/79

Abb.13 Anordnung der Geräte, Schalter und Bedienhebel im Führerraum Ju 388 J-1

Der Besatzungsraum der Ju 388 J-1.

Die Verglasung baute sich aus einer Vielzahl von Einzelsegmanten auf.

Die frontseitige Konsole der Ju 388 K-1.

Blick auf den Arbeitsplatz des Flugzeugführers. Oberhalb befand sich die sog. »Sauerstoffdusche«.

Details des Flugzeugführerbereichs. Vor dem Steuerhorn befand sich eine Konsole mit den wichtigsten Instrumenten. Weiter vorne unten sind die Fußpedale sichtbar.

Ein weitere Blick in das Cockpit einer Ju 388 K.

Das Kanzelsegment mit geöffneter Trennstelle zum Rumpf. Man beachte die Beschädigung am Bug.

Der untere Kanzelbereich in einer Nahaufnahme, welche den Modellbauern sicher nützlich sein wird.

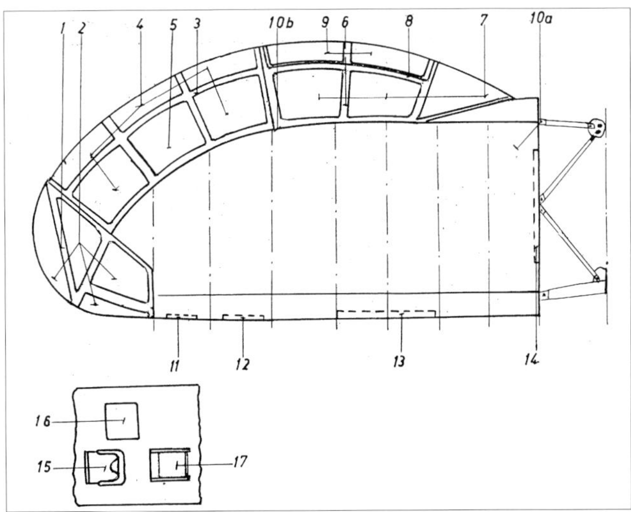

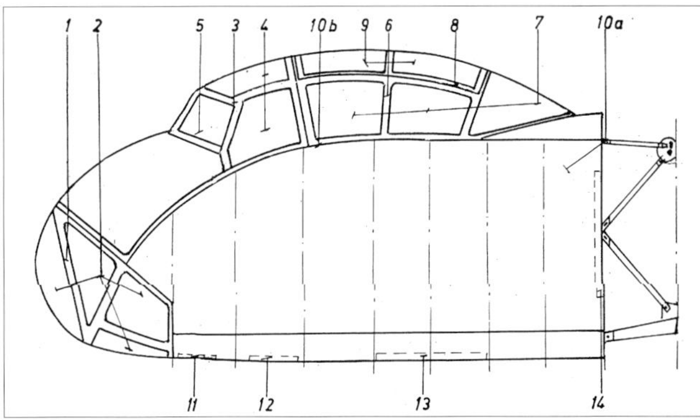

Dringlichkeit 1		Dringlichkeit 2		Dringlichkeit 3	
10	Besatzungsraum	1	Vorderes Dach	2	Scheiben
a)	Bolzenanschlüsse	3	Mittleres Dach	4	Scheiben
		6	Hinteres Dach	5	Notsichtscheibe
		8	Notausstiegklappe	7,9	Scheiben
		10	Besatzungsraum	11	Lotfescheibe
		b)	Trennstelle Dach	12	Bodenscheibe
		13	Einstiegklappe	14	Funkgerüst
		16	Beobachtersitz		
		17	Funkersitz		
		15	Führersitz		

Werkszeichnungen des Führerraumes der Muster Ju 388 K und L sowie J.

Die Verglasung des Daches erfolgt mit Plexiglas-Doppelscheiben, die mit Trockenpatronen zur Beschlagfreihaltung versehen sind. Für astronomische Navigation sind einige Scheiben mit ebenen Siglascheiben ausgerüstet, die ebenfalls als Doppelscheiben ausgebildet sind. Der hintere Teil des Daches ist abwerfbar. Die Einstiegklappe im Fußboden rechts kann für den Notausstieg mit Preßluft (150 atü) geöffnet werden, außerdem ist sie abwerfbar.
Die Anordnung der Besatzung erfolgt so, daß der Beobachter rechts neben dem Flugzeugführer etwas gestaffelt sitzt. Der Funker sitzt mit Blickrichtung rückwärts hinter dem Flugzeugführer und hat die PT-Geräte vor sich. Dem Funker obliegt auch die Betätigung des fernbedienten Heckstandes. Als Zielgerät dient ein Doppelperiskop.

Besatzungsraum (K-0)
Drei-Mann-Besatzungsraum, der mit allen Einbauten als besonderes Großbauteil hergestellt und mit einem Zwischengerüst mit Bolzen am Rumpf befestigt wird. Schnell abnehmbare Verkleidung zwischen Besatzungsraum und Rumpf zwecks Zugänglichkeit zu den druckdichten Durchführungen.
Dreiteiliges Führerraumdach mit Doppelscheiben gegen Beschlag mit Trockenpatronen gesichert. Hinteres Teil abwerfbar. Für Notausstieg Einstiegklappe nutzen, die sowohl durch Preßluft geöffnet als auch abgeworfen werden kann.

Das Rumpfwerk
Rumpf (L-1)
In Schalenbauweise hergestellter trapezförmiger vierholmiger Glattblechrumpf mit senkrecht zur Längsachse angeordneten Spanten.
In Längsrichtung sind Ober- und Unterschale unterteilt. Zwi-

A+B Solche Beschädigungen traten an der Kanzel in mehr oder minderer Form öfters auf.

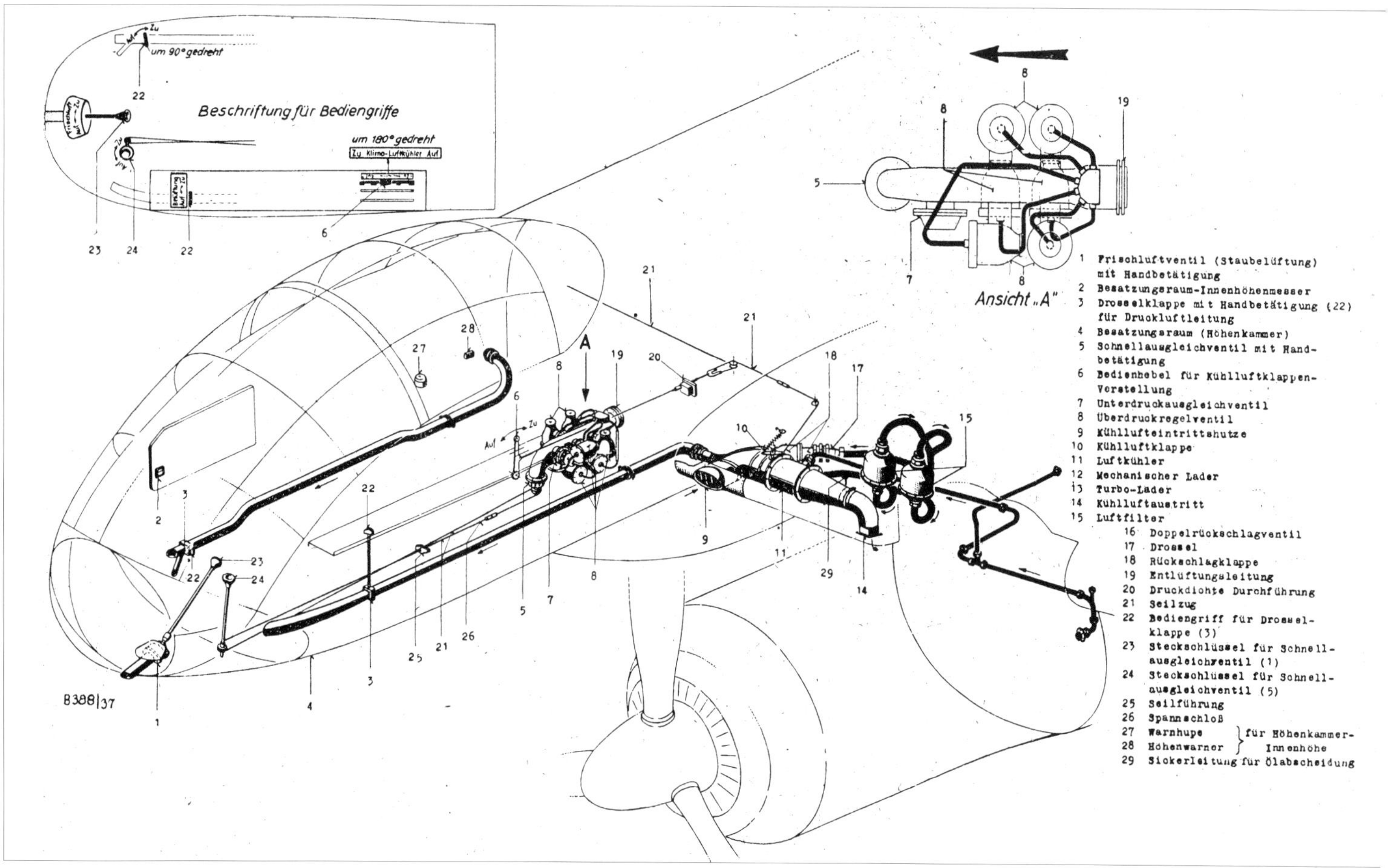

Beschriftung für Bediengriffe

um 90° gedreht

um 180° gedreht

Zu Klima-Luftkühler Auf

Ansicht „A"

1 Frischluftventil (Staubelüftung) mit Handbetätigung
2 Besatzungsraum-Innenhöhenmesser
3 Drosselklappe mit Handbetätigung (22) für Druckluftleitung
4 Besatzungsraum (Höhenkammer)
5 Schnellausgleichventil mit Handbetätigung
6 Bedienhebel für Kühlluftklappen-Verstellung
7 Unterdruckausgleichventil
8 Überdruckregelventil
9 Kühllufteintrittshutze
10 Kühlluftklappe
11 Luftkühler
12 Mechanischer Lader
13 Turbo-Lader
14 Kühlluftaustritt
15 Luftfilter
16 Doppelrückschlagventil
17 Drossel
18 Rückschlagklappe
19 Entlüftungsleitung
20 Druckdichte Durchführung
21 Seilzug
22 Bediengriff für Drosselklappe (3)
23 Steckschlüssel für Schnellausgleichventil (1)
24 Steckschlüssel für Schnellausgleichventil (5)
25 Seilführung
26 Spannschloß
27 Warnhupe } für Höhenkammer-Innenhöhe
28 Höhenwarner } für Höhenkammer-Innenhöhe
29 Sickerleitung für Ölabscheidung

8388/37

Schematische Darstellung der Klimaanlage (aus Bedienvorschrift J-1, K-1).

schen Spant 9 und 15 sind zwei Tankräume untergebracht. Zur Aufnahme größerer Kraftstoffbehälter und Bildgeräte ist unter dem Rumpf im Bereich der Spanten 9 und 15 eine Wanne angebracht. Im Rumpfende ab Spante 15 befindet sich der fernbediente Heckstand. Der Einstieg in das Rumpfende ist hinter dem zweiten Lastenraum.

Rumpf (J-3)
Unter den Kraftstoffbehältern im ersten Lastenraum befinden sich die Gurtkästen für zwei MG 151 und MK 108. Die Waffen sind in einer eigenen Waffenwanne links unter dem Rumpf angebracht. Hinter dem zweiten Lastenraum sind beide Schrägwaffen 70° nach oben schießend eingebaut. Im Rumpfende befindet sich wie bei der L-1 der Heckstand. Der Einstieg in das Rumpfende erfolgt durch die Einstiegsklappe hinter dem zweiten Lastenraum.

Der Leitwerksbereich

Leitwerk (L-1)
Freitragendes geteiltes Höhenleitwerk mit Innenausgleich der Ruder, gekuppelten Flettnerrudern, die vom Führerraum aus außerdem einstellbar sind. Zentral angeordnetes Seitenleitwerk, dessen Seitenruder mit Flettnerruder zugleich im Fluge als verstellbares Trimmruder wirkt.
Querruder und Landeklappen sind nach dem Düsenspaltprinzip ausgeführt. Die Landeklappen sind im inneren Bereich mit Stahlblech beplankt.

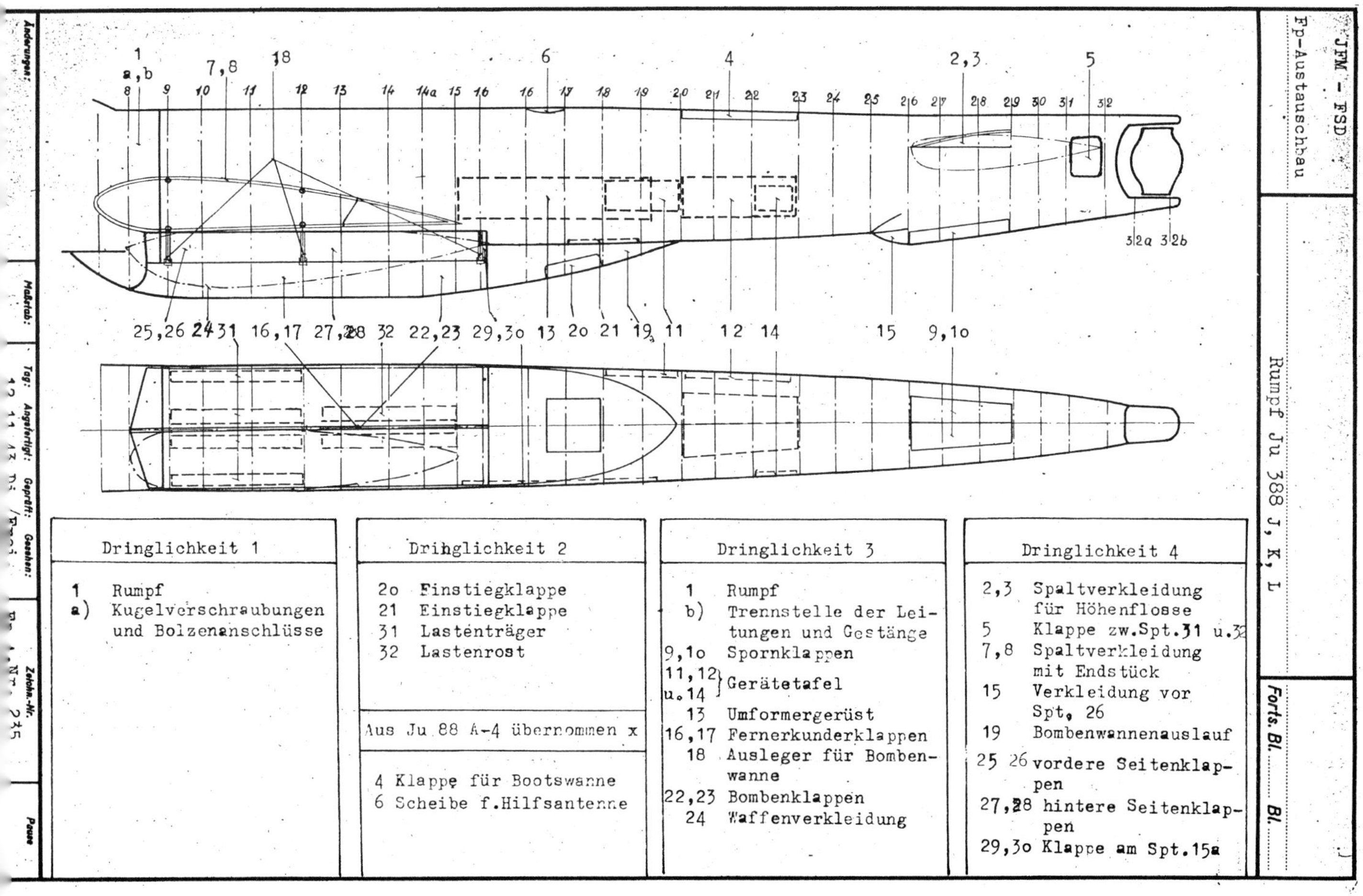

JFM - FSD
Fp-Austauschbau
Rumpf Ju 388 J, K, L
Dringlichkeit 1
1 Rumpf
a) Kugelverschraubungen und Bolzenanschlüsse
Dringlichkeit 2
2o Einstiegklappe
21 Einstiegklappe
31 Lastenträger
32 Lastenrost
Aus Ju 88 A-4 übernommen x
4 Klappe für Bootswanne
6 Scheibe f.Hilfsantenne
Dringlichkeit 3
1 Rumpf
b) Trennstelle der Leitungen und Gestänge
9,1o Spornklappen
11,12 u.14 Gerätetafel
13 Umformergerüst
16,17 Fernerkunderklappen
18 Ausleger für Bombenwanne
22,23 Bombenklappen
24 Waffenverkleidung
Dringlichkeit 4
2,3 Spaltverkleidung für Höhenflosse
5 Klappe zw.Spt.31 u.32
7,8 Spaltverkleidung mit Endstück
15 Verkleidung vor Spt. 26
19 Bombenwannenauslauf
25 26 vordere Seitenklappen
27,28 hintere Seitenklappen
29,3o Klappe am Spt.15a

Spantenplan des Rumpfes (Werkszeichnung).

KS+TA

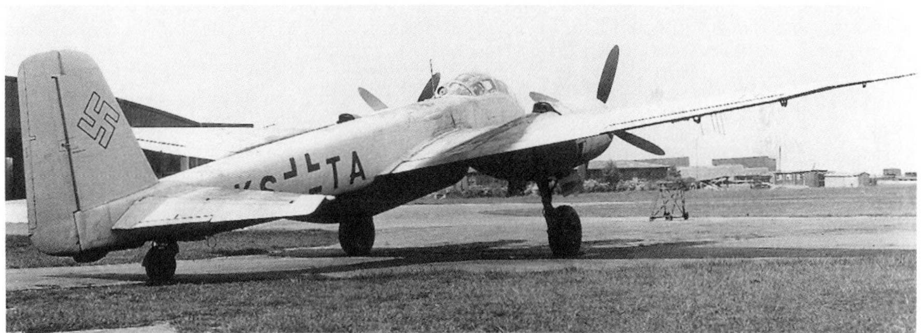

Der Leitwerksbereich am Beispiel der Ju 388 L (KS+TA).

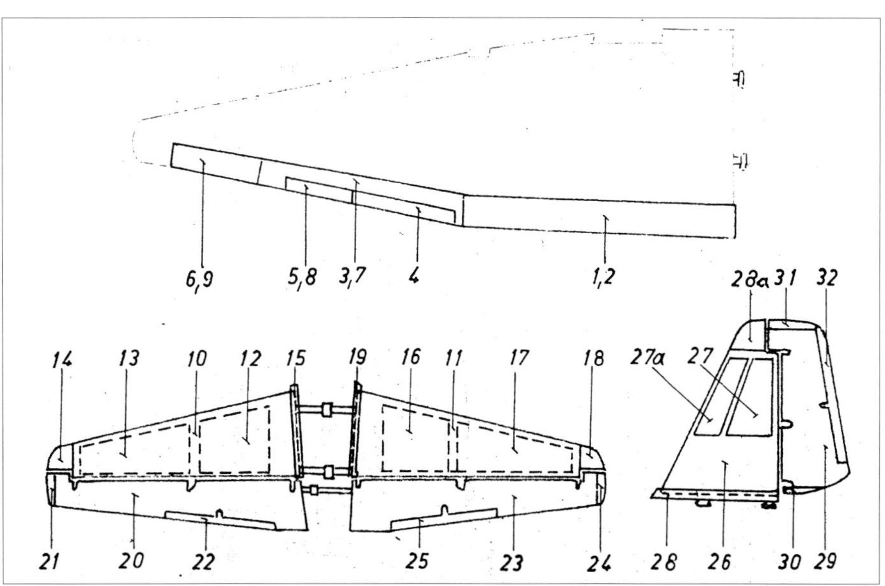

Werkszeichnung des Leitwerksbereichs sowie der Ruder und Klappen des Tragwerks.

6,9
5,8
3,7
4
1,2
28a 31 32
14 13 10 12 15 19 16 11 17 18 27a 27
21 20 22 25 23 24 28 26 30 29

Dringlichkeit 1

1 und 2	Landeklappen
3, 6, 7, 9	Querruder
4	Trimmklappe
5, 8	Federklappe
10, 11	Höhenflosse
20, 23	Höhenruder
22, 25	Trimmklappe
26	Seitenflosse
29	Seitenruder
32	Hilfsruder

Dringlichkeit 4

12, 13, 16, 17	Deckel
14, 18, 21, 24, 28a, 30, 31	Endklappen
15, 19, 28	Spaltverkleidungen
27, 27a	Klappen
33 } 34 }	Fg-Verkleidungshutze siehe Tragkraft

Das Tragwerk

Tragwerk (L-1)

Freitragendes Tragwerk; die beiden V-förmig angeordneten Tragflügel sind mit je vier Kugelverschraubungen am Rumpf angeschlossen,

Tragwerk (K-0)

Motorwand und Anschluß wie Ju 188 A-2 mit Einschraubstücken 40 t Einheitsanschluß. Zwischenverkleidung und Abflußhaube neu. Brandschutz auf Tf-Oberseite hinter Abflußhaube.

Enteisung:

Kärcherofen im Rumpf für Höhenflossenenteisung. Flächenenteisung mittels Warmluft aus den Triebwerken. Luftschraubenenteisung wie Ju 188 E-1. Enteisungsbehälter mit 18 l Inhalt.

Die untere Flächenpartie der Ju 388 L (RT+KI). Auf der Oberseite wurde eine Antenne des FuG 217 R montiert.

Die Geometrie des Ju 388-Tragwerks.

Auf der Flächenunterseite sind zahlreiche Wartungsöffnungen zu erkennen.

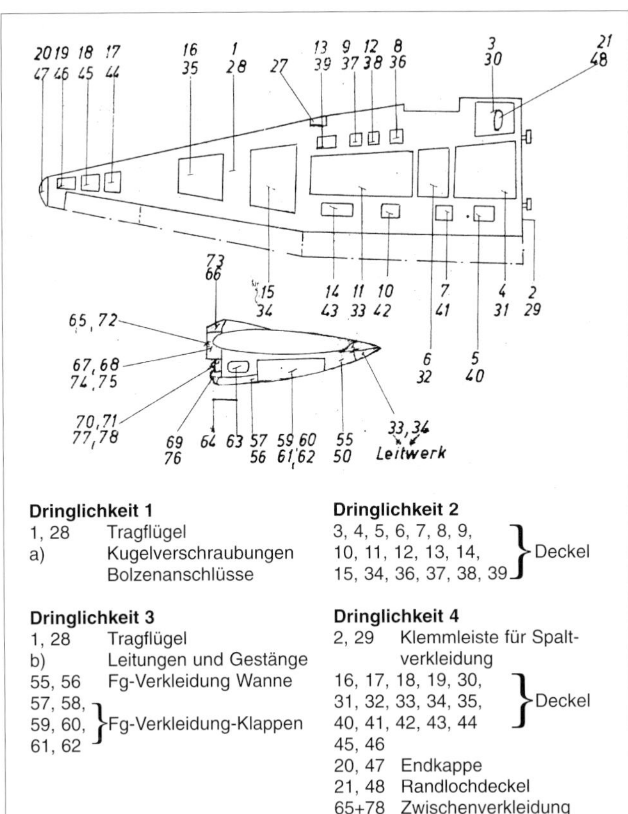

Übersichtszeichnung der Tragflächen-Verkleidungen und Wartungsdeckel.

In Ermangelung des JUMO 222 kam bei der Ju 388 der BMW 801 TJ zum Einbau (Ju 388 L RT+KI).

Die Triebwerke der Ju 388-Reihe (BMW 801, siehe auch Ju 288)

Triebwerk (L-1)

Eingebaut ist das Triebwerk 9-8801 J-0. Der hierin eingebaute Motor BMW 801 J-1 ist ein luftgekühlter 14-Zylinder-Doppelsternmotor mit zwei Laderstufen, wobei die erste Stufe als Abgasturbolader und die zweite Stufe als motorgetriebender Zweigang-Schaltlader für Boden- und Höhenleistung mit Ladeluftkühlung ausgebildet ist.

Die Regelung des Motors erfolgt selbsttätig über das Kommandogerät mit Einhebelgerät.

- Startleistung: 1615 PS
- Steig- und Kampfleistung: 1472 PS am Boden, 1430 PS in 12,3 km
- Volldruckhöhe: 12,3 km
- Kraftstoff: C3
- Luftschrauben: 4-flügelige VDM-Dural-Verstell-Luftschrauben mit Automatik (3,726 m Durchmesser)

Triebwerk (J-3)

Eingebaut ist das Triebwerk 9-8213 D-1. Der hierin eingebaute Motor JUMO 213 E ist ein wassergekühlter 12-Zylinder-Ottomotor mit Doppellader und mechanischem Dreigang-Schaltgetriebe.

Startleistung: 1750 PS

- Steig- und Kampfleistung: 1580 PS am Boden
- Steig- und Kampfleistung: 1430 PS in 10,2 km
- Volldruckhöhe: 10,2 km
- Luftschrauben: Vierflügelige VS 19-Verstellschrauben mit Automatik (3,6 m Durchmesser).

Triebwerk (K-0)

Zwei BMW-Triebwerke, Baumuster 9-8801 J-0 mit Fla-V-Anlage.

Details vom BMW 801 TJ-Triebwerk. (Foto: M. Baumann)

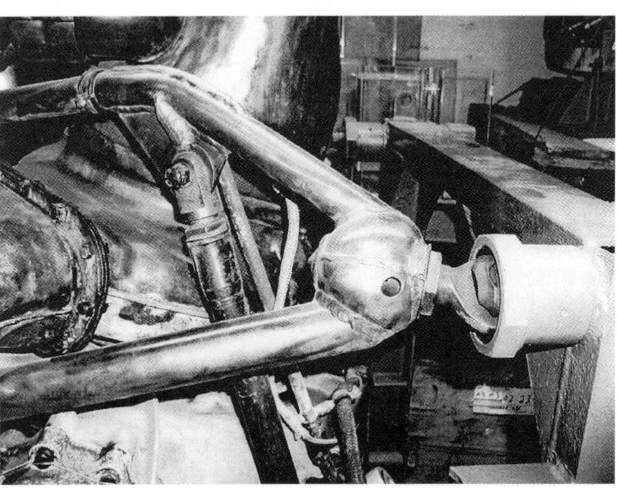

Montagepunkt des Motorträgers am Flugzeug. (Foto: M. Baumann)

Details BMW 801 TJ. Oben die mächtige Abgasstrahldüse mit darunter platzierter Abgasturbine, links daneben die Ladeluftleitung. Außen ist ein Teil des Abgassammelrings erkennbar. (Fotos: M. Baumann)

Werksfoto eines BMW 801 TJ.

Das Treibstoffsystem

Kraftstoffanlage (Tagerkunder)

Behälter:

Entnahmebehälter in Tf links (415 l), rechts (415 l).

Zusatzbehälter in Tf links (425 l), rechts (500 l).

Zusatzbehälter im Rumpf vorne (1680 l), hinten (500 l).

Gesamtmenge: 3935 l

Im zweiten Lastenraum sind beim Tagerkunder unter dem 500-l-Behälter die Bildgeräte einzubauen. Beim Nachterkunder im ersten Lastenraum ein 725-l-Behälter und darunter das L-Gerüst für acht Leuchtbomben anzubringen. Weitere vier Leuchtbomben können an zwei Trägern angebracht werden.

Schnellablaßbar sind alle Rumpfbehälter und der ungeschützte Flächenbehälter rechts. Die Mitnahme eines Außenbehälters an einem mitabwerfbaren Gerüst ist möglich.

Schmierstoffanlage (L-1)

Die beiden Motoren besitzen getrennte Schmierstoffanlagen. In jedem Flügel ist je Motor zwischen Querverband 1 und 2 ein Schmierstoffbehälter eingebaut.

Zum Einbau gelangen geschützte Behälter mit einem Fassungsvermögen von je 136 l bzw. einer Schmierstoff-Höchstfüllung von je 105 l und zwei Zusatzbehälter, ungeschützt, im Tf links und rechts von je 40 l.

Kraftstoffanlage (J-3)

Behälter:

Entnahmebehälter in Tf links (415 l), rechts (415 l).

Ein ungeschützter äußerer Behälter in Tf links (425 l), rechts (500 l).

Ein Zusatzbehälter im Rumpf vorne (475l), hinten (1050 l).

Gesamtmenge: 3280 l

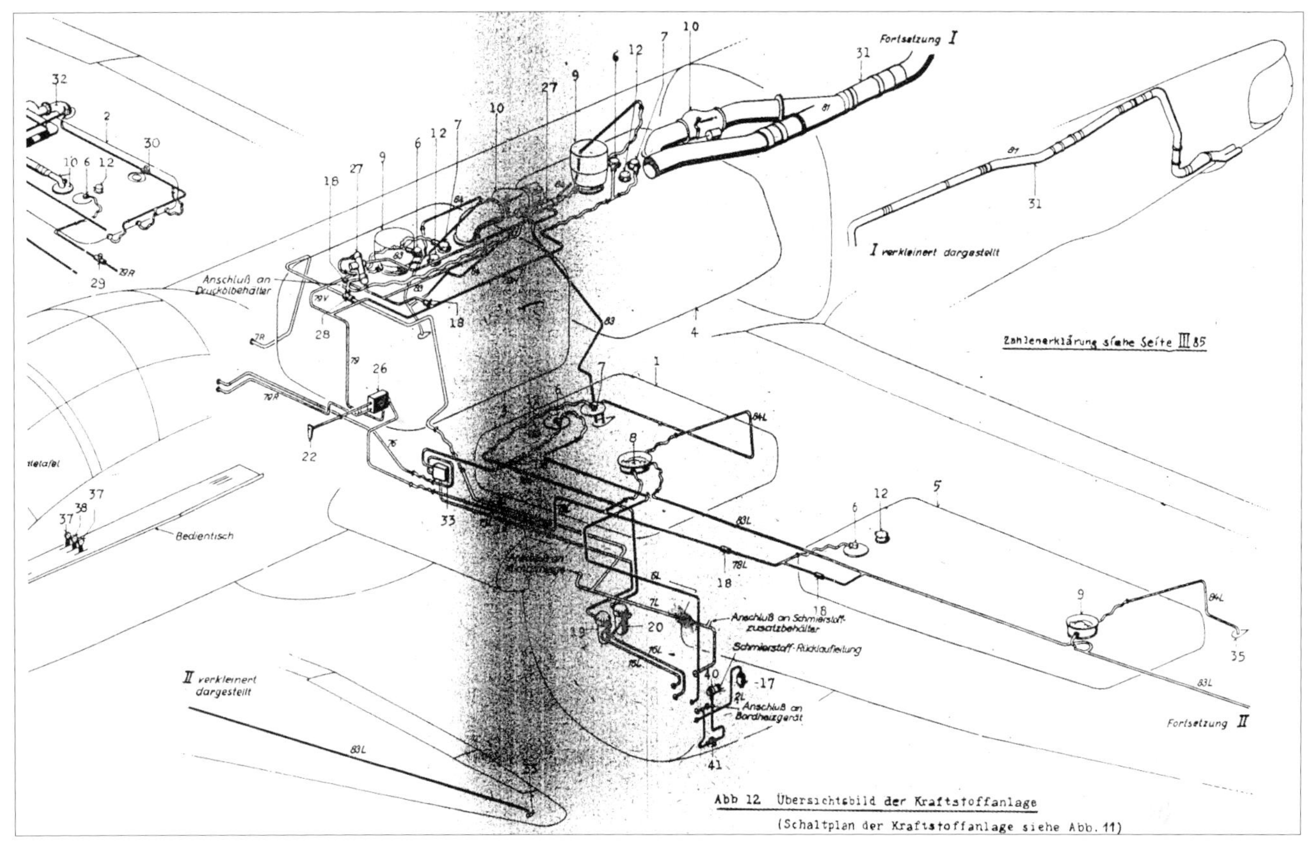

Die Kraftstoffanlage der Ju 388 (Werkszeichnung).

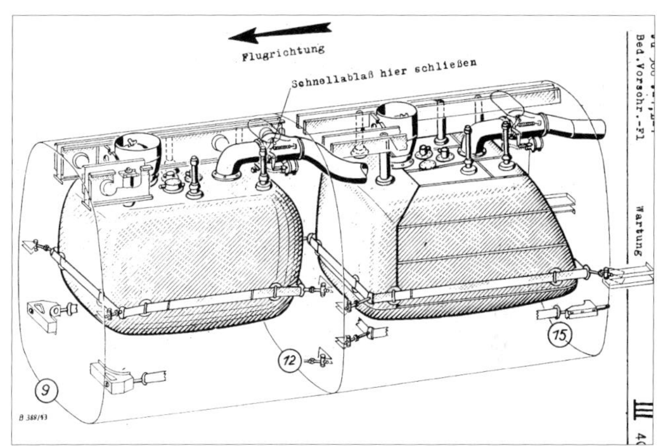

Details der beiden Rumpfbehälter mit der Schnellablassanlage (Werkszeichnung).

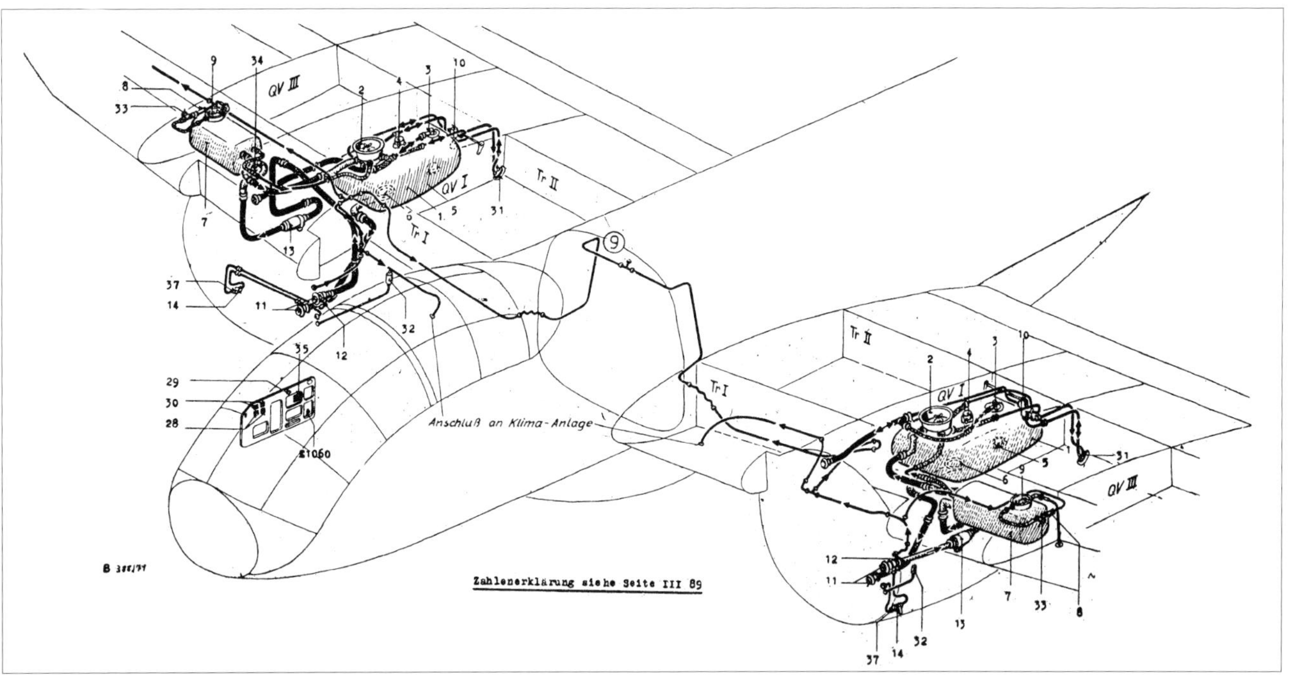

Die Schmierstoffanlage, dargestellt in einer Werkszeichnung.

Kraftstoffanlage (K-0)
Zwei Entnahmebehälter in Tf links und rechts mit je 405 l Inhalt. In linker Tf Zusatzbehälter von 425 l Inhalt ohne Schnellablaß. In rechter Tragfläche explosionsgeschützter Behälter von 500 l Inhalt in ungeschützter Ausführung mit Schnellablaß. Bis zum Abschluß der Erprobung des explosionsgeschützten Behälters von 500 l Inhalt erfolgt der Einbau eines geschützten Behälters in der rechten Tragfläche mit Schnellablaß, wie in Ju 188 G-2. Im vorderen Lastenraum Einbau eines 725-l-Behälters, im hinteren Lastenraum Einbau eines 500-l-Behälters.

Die Luftschrauben
Luftschrauben (K-0)
Vierflügelige VDM-Verstell-Luftschrauben mit Automatik, Baumuster 9-12188.

Das Fahrwerk
Fahrwerk (L-1)
Das Fahrwerk besteht aus zwei Fahrgestellhälften und dem Radsporn, jede Hälfte ist in die nach hinten verlängerte Motorgondel einziehbar. Die Laufräder (1140 x 410) sind einzel abbremsbar, der nach allen Seiten drehbare Radsporn (560 x 200) ist ebenfalls einziehbar. Abgefedert wird das Fahrgestell durch Öl-Luftfederbeine, der Radsporn durch KPZ-Federbeine.

VDM-Vierblatt-Luftschrauben verwandelten die Energie des BMW 801 TJ in Vortrieb. Im Hintergrund steht die Ju 388 L (KT+KD).

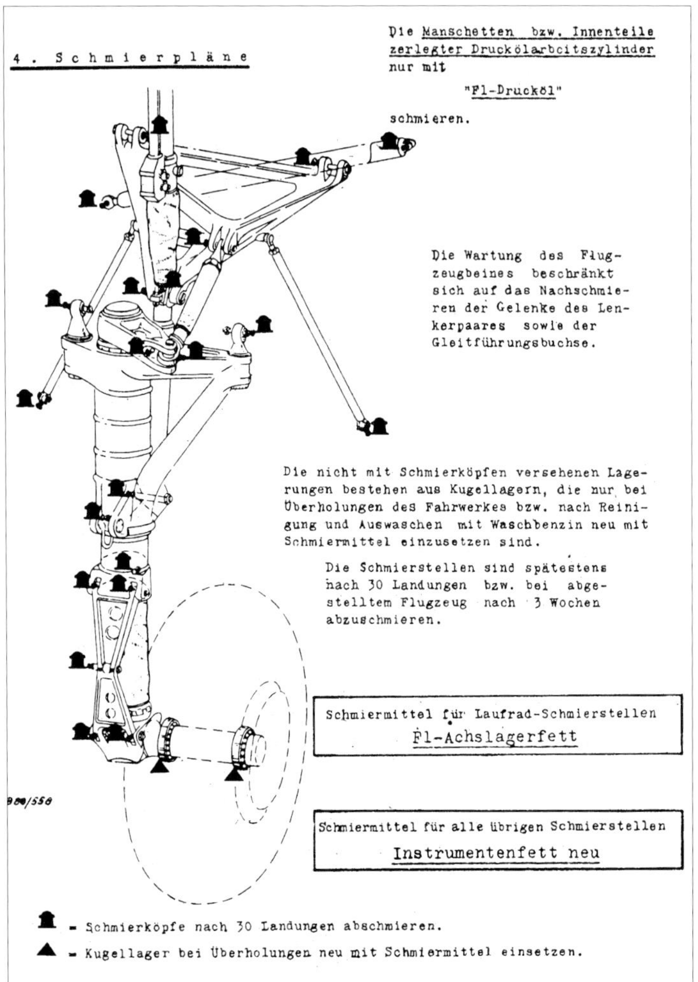

Perspektivzeichnung eines Hauptfahrwerkbeins.

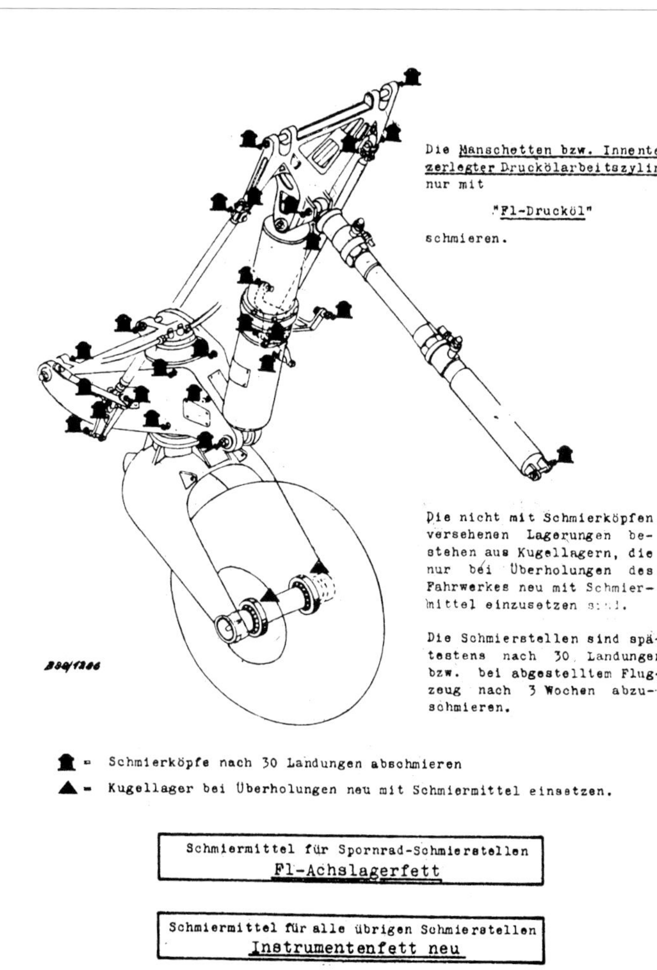

Schmierplan des Spornrades.

Werkszeichnung des Hauptfahrwerks und des Spornrades. Beide Fahrwerkskomponenten wurden hydraulisch betätigt.

Dringlichkeit: 1

1, 2	Fahrwerk lks. u. rts.
3	Flugzeugbein
4	Schwenkstoßstange
5, 6	Obere Knickstrebe
7	Untere Knickstrebe
8	Bremsrad
9	Sporn
10	Knickstrebe
11	Federbein
12	Radgabel mit Lenker
13	Radgabel mit Achse
14	Laufrad
15	Schmutzfänger

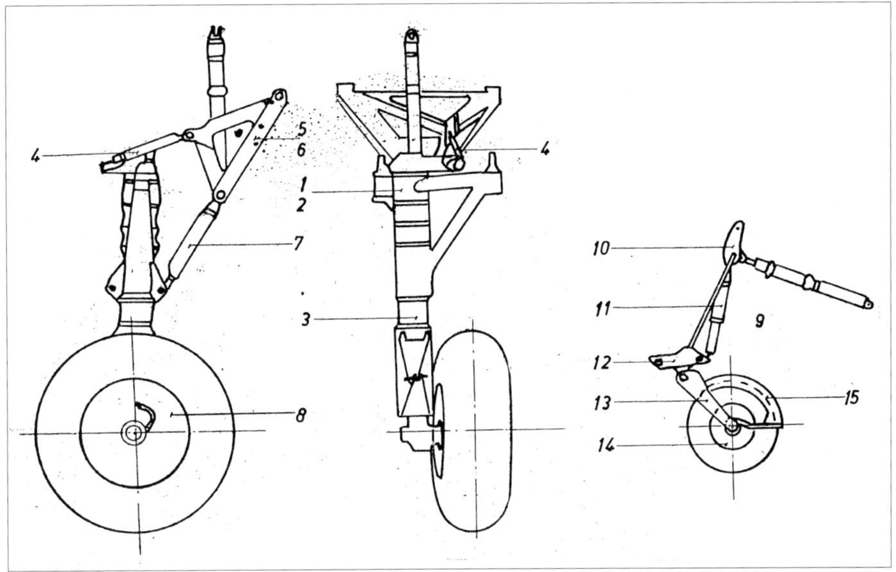

Die militärische Ausrüstung der verschiedenen Ju 388-Versionen

Schußwaffe, Heckstand (L-1)
Die Abwehrbewaffnung besteht aus einen Zwillingsheckstand FHZ 131 Z. Der Stand besitzt ein lückenloses Schußfeld von 450 nach oben und unten sowie 600 nach beiden Seiten. Als Zielgerät ist das Doppelperiskop PVE 11 im Besatzungsraum eingebaut, Antrieb FA 15. Es dient gleichzeitig als Beobachtungsgerät nach unten.

Bildgeräte
Beim Tagerkunder kann wahlweise eingebaut werden:
2 Rb 20/30, 2 Rb 50/30, 2 Rb 75/30

Beim Nachterkunder kann wahlweise eingebaut werden:
NRB 35/25, NRB 40/25, NRB 50/25
Die Bildgeräte können senkrecht als auch im seitlichen Winkel von 100, 150, 200 und 300 eingestellt werden.

Bombenlast
für Nachtfernerkunder ist die Mitnahme von zwölf Leuchtbomben im Rumpf möglich. Acht Leuchtbomben im L-Gerüst vier Leuchtbomben an 2 x Trägerschlössern ist die Mitnahme eines 900-l-Außenbehälters oder einer Bombe möglich.

Panzerung
Flugzeugführer: Einheitssitz mit Rücken- und Kopfpanzerung.
Beobachter: Rückenpanzerung
Funker: Panzerscheibe im hinteren Dach
Panzerung des oberen Teiles der Abschlußwand des Besatzungsraumes.

Bewaffnung (J-3)
Starrer Zerstörersatz in Flugrichtung links unter dem Rumpf zwischen Spant 9 und 12 mit 2 x MG 151 und 2 x MK 108. Schrägwaffensatz unter 70° eingebaut, hinter Spant 15 mit 2 x MG 151. Abwehrbewaffnung: Heckstand FHL 131 Z, Schußfeld Seite +/- 60°, Höhe +/- 45°.
Zielgerät: Doppelperiskop PVE 11 vom Funker bedient. Antrieb FA 15.

Schusswaffe (K-0)
B-Stand
1 x MG 131, Handdurchladung, Handabzug, Linkszuführung (500 Schuß gegurtete Munition in Gurtkasten, rechte Seitenwand im Besatzungsraum). Als Zieleinrichtung Visierträger mit Stachel und Kreiskorn.
Zwei starr eingebaute elektrisch bediente MG 131 mit Links-

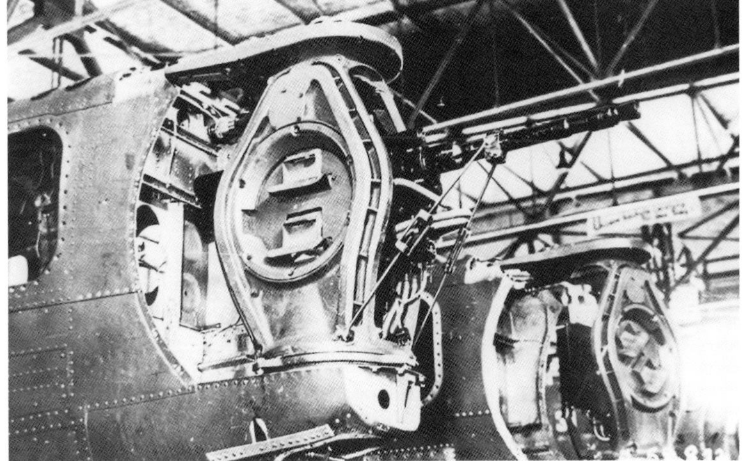

Die ferngesteuerte FLH 131 Z-Lafette.

Bugsektion der Ju 388 J-1.

Detailansicht der Ju 388 K.

und Rechtszuführung Bombenwannenauslauf als Abwehrbewaffnung nach hinten. Als Zieleinrichtung ein Rückblickfernrohr (Rf 1 A, bzw. Rf 2 B vor Flugzeugführer im Besatzungsraum). Je 400 Schuß gegurtete Munition in Gurtkästen links und rechts an Rumpfseitenwand unter Spant 16.
Abwurfwaffe
Träger für folgende Schlösser:
4 x Schlösser 500 XIII
2 x Schlösser 2000/XIII B-1
1 x L-Gerät 8-Schloß 50 B-1
4 x Träger 2 Schloß 50/X B-2
Neue Bombenklappenbetätigung, Elt-Blindscharfeinstellung und Notzuggestänge. Notzuggestänge in Tragfläche bis Last II = M 14. Lagerung und Leitungsverlegung für Einbau des Lotfe 7 H.
Panzerung
Flugzeugführer (Rücken- und Kopfpanzerung)
Beobachter (Rückenpanzerung)
Funker (vorläufig keine Panzerung)

Betrachten wir den Fernantrieb nun in seinen Details. Der Handbuchtext (Auszug) und die entsprechenden Zeichnungen dokumentieren diese damals moderne Technik gründlich. Erwähnenswert ist zudem, daß auch Japan an diesem Fernantrieb Interesse bekundete.

Kurz-Baubeschreibung Hydr. Fernantrieb FA-15 vom Mai 1944

Hydraulischer Fernantrieb FA-15 (Schema)

Der Fernantrieb FA-15 ist ein hydraulischer Antrieb für Drehlafetten mit reiner Wegsteuerung. Das zur Betätigung erforderliche Drucköl wird aus dem Bordnetz des Flugzeuges entnommen.

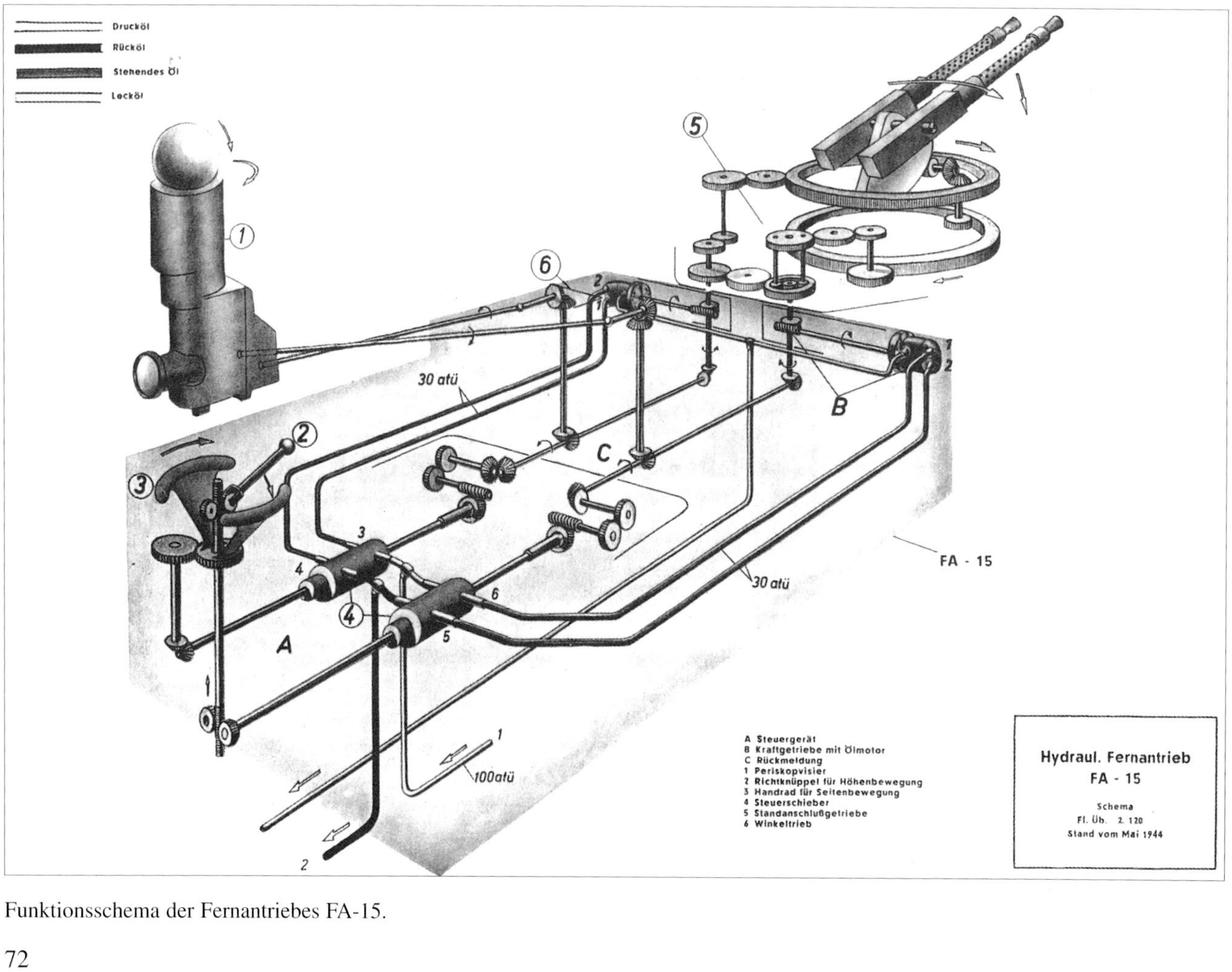

Funktionsschema der Fernantriebes FA-15.

Die Hauptbestandteile der Anlage sind:
A) das Steuergerät
B) das Kraftgetriebe
C) die Rückmeldung.

Das Steuergerät A setzt sich zusammen aus dem Richtgetriebe mit dem Richtknüppel (2) für Höhenbewegung und dem Handrad (3) für Seitenbewegung, ferner dem Steuerschieber (4), dem Schneckengetriebe und dem Anschlußgetriebe für die Rückmeldewellen.

Über Druckölleitungen steht der Steuerschieber mit dem Ölmotor in Verbindung, der das als Schneckentrieb ausgebildete Kraftgetriebe B antreibt, das einen Abtrieb mit Keilwelle zum Standanschlußgetriebe (5) und einen Abtrieb mit Kerbverzahnung für die Rückmeldung C besitzt. Das Drucköl fließt über den Steuerschieber zum Ölmotor und über den gleichen Steuerschieber zurück in den Rücklauf.

Die Rückmeldung dient einerseits zum Einstellen des Periskopvisiers (1), andererseits zum Nachdrehen des Außenkükens (siehe Abbildung) vom Steuerschieber (4). Durch Höhenbewegung des Richtknüppels (2) bzw. Seitenbewegung des Handrades (3) erfolgt die Kommandogabe. Dieser Bewegung entsprechend wird der jeweils zugehörige Steuerschieber (4), der Kommando- und Rückmeldeschieber umfaßt, so verstellt, daß die der Schieberöffnung entsprechende Ölmenge hindurchtreten kann und den Ölmotor in Bewegung setzt. Dieser treibt über die Kraftgetriebe die Lafette und außerdem über die Rückmeldewellen mit Winkeltrieb (6) das Visier (1) und den Rückmeldeschieber (4). Er läuft so lange, bis er den Rückmeldeschieber so weit nachgedreht hat, daß auf beiden Motorseiten wieder Gleichdruck herrscht.

Die Waffe wird stets um den gleichen Betrag wie der Richtknüppel oder das Handrad verstellt, so daß Waffe und Richtgerät immer in die gleiche Richtung zeigen. Richtknüppel und Handrad können mithin als Grobvisier verwendet werden und dienen zur Zielaufnahme für das Periskop.

Ist die Druckölanlage eingeschaltet und der Schieber (4) in Ruhestellung, d. h. in hydraulischer Mittelstellung, dann wird bei 100 atü Vorlaufdruck jede Motorseite auf ca. 30 atü vorgespannt, so daß also die Verbindungsleitungen vom Steuerschieber zum Ölmotor in Ruhestellung immer unter Druck stehen; es findet dann durch die Leerlaufmenge, die durch den Steuerschieber fließt, ein Ölkreislauf bis zum Schieber statt, so daß die Anlage jederzeit einsatzfähig ist.

Durch Verstellung des Kommandoschiebers (4) wird der eine Steuerquerschnitt mit der Plus- und der andere mit der Minus-Leitung verbunden. Infolge der entstehenden Druckdifferenz wird der Ölmotor in Gang gesetzt und über die Rückmeldeanlage der Rückmeldeschieber (4) wieder so weit gedreht, bis er die hydraulische Mittelstellung erreicht hat. Die Geschwindigkeit, mit der der Stand fährt, ist abhängig von der Verdrehung des Kommandoschiebers gegen den Rückmeldeschieber.

In der Mittelstellung des Steuerschiebers besteht ein Ölkreislauf von der Plus-Seite über die Steuerkanten zur Minus-Seite. Dadurch wird das Steuergerät bei eingeschalteter Druckölanlage dauernd durchflossen. Das Rücklauföl und das Lecköl fließen in getrennten Leitungen zurück.

FA-15 Steuergerät

Das Steuergerät ist so aufgebaut, daß jeweils die Einbaubedingungen in der Zelle berücksichtigt werden können. Grundsätzlich besteht die Möglichkeit, das Gerät sowohl starr als auch schwenkbar einzubauen. Ein besonderes Merkmal der für verschiedene Waffenstände unterschiedlich gebauten Steuergeräte ist ihr voneinander verschiedener Richtwinkel und die damit zusammenhängende Ausführung der Richtknüppel, ferner die Möglichkeit, beim B-Stand-Gerät 815-Z 11 und C-Stand-Gerät 815-Z 12 elektrische Geber zur Betätigung eines zweiten Standes anzubauen.

Am Steuergerät besteht die Anbaumöglichkeit für die Richtblockierung. Eine am Richtknüppel vorhandene Raste führt diesen und damit die Waffe der Kurvenführung entsprechend um den zu sperrenden Raum. An der Richtblockierung und am Richtknüppel befindet sich eine Zurrvorrichtung, die den Richtknüppel in Nullstellung festhält und bei ausgeschalteter Druckölanlage gegebenenfalls Handkräfte vom Steuerknüppel direkt ins Gehäuse führt.

FA-15 Kraftgetriebe

Das Kraftgetriebe ist als Schneckentrieb gebaut und besitzt je einen Abtrieb mit Keilwelle zum Standanschlußgetriebe und einen Abtrieb mit Kerbverzahnung für die Rückmeldung.

Die Drehzahl der Keilwelle und des Rückmeldeanschlusses beträgt bei größerer Schwenkgeschwindigkeit des Standes (60°/sek.) n = 300/min. Der Abgriff der Rückmeldung erfolgt direkt vom Schneckenrad. Falls später eine mechanische Notbetätigung über die Rückmeldung gehen soll, muß der Abgriff für die Rückmeldung an der Schnecke erfolgen und die notwendige Übersetzung muß in einem Rückmelde-

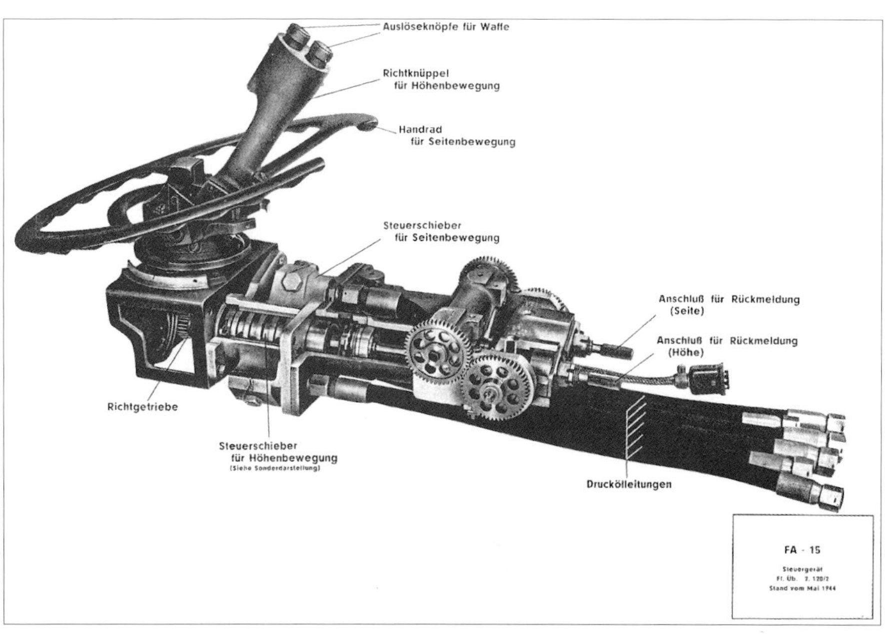

Das Steuergerät des FA-15. Es zeigte bei hohen Geschwindigkeiten gravierende Mängel. Hier stimmte der Winkel des Periskopvisiers mit der Waffenstellung nicht mehr überein.

getriebe vorgesehen werden. Dieses wird dann an das Kraftgetriebe angeflanscht. Die Rückmeldewellen werden entweder direkt oder durch Zwischenschaltung eines Winkeltriebes angeschlossen.

Panzerung: Vor dem Flugzeugführer ein Panzerschott. Das Stufendach besitzt Panzerscheiben.

Das Steuerwerk

Steuerung (L-1)
Höhen- und Quersteuerung erfolgt durch die in der Rumpfmitte angeordnete schwenkbare Steuersäule mit Schwenkarm für das Steuerhorn. Die Seitensteuerung erfolgt durch ein verstellbares Fußhebelpaar. Die in Seiten-, Quer- und Höhenruder eingebauten Hilfsruder für Trimmung sind durch Handrädchen zu verstellen. Die Höhentrimmruder können außerdem elektrisch verstellt werden. Die Steuerung wird vervollständigt durch eine Patin-Zweiachsen-Steuerung PDS 11.

Steuerung (K-0)
Neue Steuerung im Besatzungsraum. Federsteuerung für Quer- und Seitenruder. Im Aufbau ähnlich der Ju 188. Als automatische Steuerung Patin-Zweiachsensteuerung PDS 11.

Navigations- und Funkeinrichtungen

FT-Anlage (L-1)
- Kurz-Langwellenstation FuG 10 mit Peil G 6
- Peilgerät FuG 25 a
- Elektrischer Höhenmesser FuG 101a
- Blindlandestation FuBl 2F
- Nachtjäger-Warngerät FuG 217

FT-Anlage (J-3)
- Kurz-Langwellenstation FuG 10 mit Peil G 6
- Blindlandestation FuBl 2 F
- Elektrischer Höhenmesser FuG 101
- Peilgerät FuG 25
- Bordverständigungsgerät FuG 16 Z(Y)
- Sichtgerät FuG 220
- SN 2 mit R-Einbau
- FuG 350 (Naxos)
- FuG 120a (Bernhardine)
- FuG 130 (AWG)

Sicherheitseinrichtungen wie L-1, jedoch ohne Schlauchboot.

Funkanlage (K-0)
- FuG 10 mit TZG 10 und NZG 16. Peil 6 mit APZ A6 • Blindlandestation FuBl 2 F
- Elektrischer Höhenmesser FuG 101a
- Peilgerät FuG 25a
- Bordverständigungsgerät FuG 16 Z(Y)
- FuG 217

Bordelektrik

Elt-Bordnetz (L-1)
Die erzeugte Generator-Leistung beträgt 6000 Watt. Der Dauerverbrauch etwa 2200 Watt. Die Akkumulatoren mit 48 Ampere-Stunden dienen ausschließlich zur Deckung der Stromspitzen.

Elektrische Anlage (K-0)
Neue Elektrische Ausrüstung, die im Wesentlichen von der normalen Ausrüstung in nachfolgenden Punkten abweicht:
Heizung: Heizbekleidungsanschlüsse für Drei-Mann-Besatzung im Führerraum.
Betätigung: Öl- und Luftkühlring. Schußwaffen und Bombenklappen.

Die Backbordtragfläche der Ju 388 L RT+KI mit Antennen für das FuG 217 R (oben) und FuG 101 (unten).

Dieselbe FuG 217 R-Antenne von der Tragflächenhinterkante aus gesehen.

Die Führerraum-Attrappe der Ju 388 J-1 mit »Lichtenstein«-Gerät (Typ C-1).

Meßanzeige: Schmierstoff-, Kraftstoff-, Hydraulikdruck sowie Schmierstofftemperatur.
Navigations- und Triebwerksüberwachungsgeräte: Einheitsblindflugtafel III vor Flugzeugführer.
Druckhalte- und Klimaanlage: Armaturen- und Leitungsverlegung in Tragfläche und Besatzungsraum.
Sichtschutz: Nachtanstrich entsprechend Vorschrift für Bomber-Flugzeuge.
Ablieferungszustand (Kraftstoffanlage): Entnahmebehälter in Tragfläche links und rechts je 405 l Inhalt.
Zusatzbehälter in Tf. rechts 500 l* Inhalt, links 425 l. Zusatzbehälter im Rumpf vorn 725 Inhalt. Zusatzbehälter im Rumpf hinten 500 l* Inhalt.
*Bis zum Abschluss der Erprobung des 500-l-Behälters erfolgt der Einbau des 425-l-Behälters mit Schnellablass.
Schmierstoffanlage: Entnahmebehälterin Tragfläche links und rechts, jeweils 105 l Inhalt. Abwurfwaffe: 4 x Schloss 500 XII.

Sicherheitseinrichtungen:
Sicherheitseinrichtungen (L-1)
Höhenatmeranlage, für jedes Besatzungsmitglied sind in der rechten Fläche vier Flaschen vorgesehen. Schlauchboot in der Rumpfwanne.
Enteisung: Flügelenteisung durch Warmluft vom Triebwerk, Höhenflossenenteisung durch Kärcherofen, der im Rumpf eingebaut ist. Luftschraubenenteisung (18-l-Behälter für Enteisungsflüssigkeit im Tragflügel).

Junkers Ju 388 L-1, J, K-0

Technische Daten im Vergleich

Technische Daten	Ju 388 L-1	Ju 388 J	Ju 388 K-0
Rumpfwerk			
Gesamtlänge	14,87 m	14,87 m	
Höhe	4,35 m	4,35 m	
Anzahl der Längsholme	4	4	4
Anzahl der Spanten	36	36	36
Bauausführung	Ganzmetall Ober- und Unterschale (Ausnahme: Bombenwanne)	Ganzmetall Ober- und Unterschale	Ganzmetall Ober- und Unterschale (Ausnahme: Bombenwanne)
Höhenkammer			
Bauart	Separates Segment mit Trennstelle zum Rumpf	Separates Segment mit Trennstelle zum Rumpf	Separates Segment mit Trennstelle zum Rumpf
Konfiguration	Druckbeaufschlagte Vollsichtkanzel	Druckbeaufschlagte Vollsichtkanzel	Druckbeaufschlagte Vollsichtkanzel
Innerer Überdruck	0,2 atü	0,2 atü	0,2 atü
Innenhöhe bei 13 000 m	8000 m	8000 m	8000 m
Besatzung	3	4	3
Höhenatmeranlage	Höhenatmergerät 41 12 x 2-l-Kugelflaschen in Steuerbordfläche	Höhenatmergerät 41 12-16 x 2-l-Kugelflaschen in Steuerbordfläche	Höhenatmergerät 41 12-16 x 2-l-Kugelflaschen in Steuerbordfläche
Tragwerk			
Spannweite über alles	22,00 m	22,00 m	22,00 m
Flächeninhalt	56 m²	56 m²	56 m²
Größte Flügeltiefe	3,60 m	3,60 m	3,60 m
Flächenbelastung (b. Fluggewicht)	268 kg/m²	249 kg/m²	
Verbindung zum Rumpf	2 x 4 Kugelverschr.	2 x 4 Kugelverschr.	2 x 4 Kugelverschr.
Streckung	8,64	8,64	8,64
Anzahl der Rippen	33	33	33
Anzahl der Holme	3	3	3
Art der Beplankung	Glattblech	Glattblech	Glattblech
Höhenleitwerk			
Spannweite	8,00 m	8,00 m	8,00 m
Größte Tiefe	1,92 m	1,92 m	1,92 m
Anzahl der Rippen	16	16	16
Anzahl der Holme	3	3	3
Art der Beplankung	Glattblech	Glattblech	Glattblech
Seitenleitwerk			
HAnzahl der Rippen	6	6	6
Anzahl der Holme	3	3	3
Art der Beplankung	Glattblech	Glattblech	Glattblech
Fahrwerk			
Spurweite	5,77 m	5,77 m	5,77 m
Federbein	Öl / Luft	Öl / Luft	Öl / Luft
Bremsnaben	EC oder VDM	EC oder VDM	EC oder VDM
Hauptfahrwerksräder	Einzug nach hinten, Drehung 90°	Einzug nach hinten, Drehung 90°	Einzug nach hinten, Drehung 90°
Abmessung	1140 x 410	1140 x 410	1140 x 410
Federbeine (je Einheit)	1	1	1
Reifendruck	Bis 12 300 kg = 4,0 atü, darüber 4,75 atü	Bis 12 300 kg = 4,0 atü, darüber 4,75 atü	Bis 12 300 kg = 4,0 atü, darüber 4,75 atü
Spornrad	Einziehbar / KPZ-Federbein	Einziehbar / KPZ-Federbein	Einziehbar / KPZ-Federbein
Radabmessung	560 x 200	560 x 200	560 x 200
Reifendruck	Bis 12 300 kg = 3,5 atü, darüber 4,5 atü	Bis 12 300 kg = 3,5 atü, darüber 4,5 atü	Bis 12 300 kg = 3,5 atü, darüber 4,5 atü

Technische Daten	Ju 388 L-1	Ju 388 J	Ju 388 K-0
Funkausrüstung			
	FT-Anlage (L-1) Kurz-Langwellenstation FuG 10 mit Peil G 6 Peilgerät FuG 25 a Elektrischer Höhenmesser FuG 101a Blindlandestation FuBl 2F Nachtjäger-Warngerät FuG 217	FT-Anlage (J-3) Kurz-Langwellenstation FuG 10 mit Peil G 6 Blindlandestation FuBl 2F Elektrischer Höhenmesser FuG 101 Peilgerät FuG 25 Bordverständigungsgerät FuG 16 Z(Y) Sichtgerät FuG 220 SN 2 mit R-Einbau FuG 350 (Naxos) FuG 120a (Bernhardine) FuG 130 (AWG)	Funkanlage (K-0) FuG 10 mit TZG 10 und NZG 16. Peil 6 mit APZ A 6 Blindlandestation FuBl 2 F Elektrischer Höhenmesser FuG 101a Peilgerät FuG 25a Bordverständigungsgerät FuG 16 Z(Y) FuG 217
Bewaffnung			
	Zwillings-Heckstand FHL 131 Z, Zielgerät PVE 11 Aufklärer-Equipment: Bildgeräte Tagerkunder wahlweise: 2 Rb 20/30 2 Rb 50/30 2 Rb 75/30 Nachterkunder wahlweise: NRB 35/25 NRB 40/25 NRB 50/25 Zudem 12 Blitzlichtbomben	2 x MK 108 (je 110 Schuß) und 2 x MG 151/20 (je 180 Schuß) vorwärts feuernd. 2 x MG 151/20 mit je 200 Schuß in 70° Schrägstellung (genannt »Schräge Musik«) Heckstand FHL 131 Z (J-2, J-3) Zielgerät PVE 11	B-Stand beweglich installiertes MG 131 (500 Schuß). 2 x MG 131 starr in Bombenwanne. Bombenwanne mit 4 Schlössern 500 XII, 2 Schlössern 2000/XIII B-1, 1 L-Gerät-8-Schloß 50 B-1 und 4 Träg-2 Schlösser 50 B/X B-2. Bombenlast bis zu 3000 kg
Triebwerke		Ju 288 J-3	
Motorentyp	BMW 801	JUMO 213	BMW 801
Version	9-8801 J	9-8213 D-1 (213 E)	9-8801 J
Zylinderanordnung	14-Zylinder-Doppelstern	12-Zylinder-Reihenmotor (hängend)	14-Zylinder-Doppelstern
Bohrung	156 mm	150 mm	156 mm
Hub	156 mm	165 mm	156 mm
Gesamthubraum	41,8 l	35,0 l	41,8 l
Verdichtung	7,2	–	7,2
Drehzahl	2700 U/min	–	2700 U/min
Maximalleistung	1810 PS	–	1810 PS
Startleistung	1615 PS	1750 PS	1615 PS
Kampfleistung	1472 PS (Bodennähe)	1580 PS (Bodennnähe)	1472 PS (Bodennähe)
Kampfleistung	1430 PS (12 300 m)	1430 PS (10 200 m)	1430 PS (12 300 m)
Volldruckhöhe	12 300 m	10 200 m	12 300 m
Lader	Zweistufig (1. Stufe Abgaslader, 2. Stufe motorgetriebener 2-Gang- Schaltlader)	Doppellader mit mechanischem 3-Gang-Schaltgetriebe	Zweistufig (1. Stufe Abgaslader, 2. Stufe motorgetr. 2-Gang-Schaltlader)
Motorkühlung	Luft (mit Lüfterrad)	Wasser / Glykol	Luft (mit Lüfterrad)
Betriebsstoffanlage			
Treibstoffart	C3	C3	C3
Behälter	Kraftstoffanlage (Tagerkunder) Entnahmebehälter in Tf links (415 l), rechts (415 l). Zusatzbehälter in Tf links (425 l), rechts (500 l) Zusatzbehälter im Rumpf vorne (1680 l), hinten (500 l) Gesamtmenge: 3935 l Zweiter Lastenraum: (Tagerkunder) Unter dem 500-l-Behälter Kameras. Nachterkunder: Im ersten Lastenraum 1 x 725 l und darunter das L-Gerüst für 8 Leuchtbomben plus 4 Stück an zwei Trägern. Zudem Möglichkeit für 1 x 900 l Abwurftank oder Bombe.	Kraftstoffanlage /J-3) Behälter: Entnahmebehälter in Tf links (415 l), rechts (415 l). Ein ungeschützter äußerer Behälter in Tf links (425 l), rechts (500 l). Ein Zusatzbehälter im Rumpf vorne (475l), hinten (1050 l)	2 x Entnahmebehälter in Tf links und rechts mit je 405 l Inhalt. In linker Tf zus. Behälter von 425 l Inhalt (ohne Schnellablaß). Rechte Tragfläche explosionsgeschützter Behälter mit 500 l Inhalt in ungeschützter Ausführung mit Schnellablaß. Im Vorderer Lastenraum 1 x 725-l-Behälter, hinterer Lastenraum 1 x 500-l-Behälter.

Technische Daten	Ju 388 L-1	Ju 388 J	Ju 388 K-0
Gesamtmenge	3935 l (+ 900 l)	3280 l	2960 l
Verbrauch / h	900 l – 1000 l	–	900 l – 1000 l
Schmierstoff	2 x 136 l (Füllung 105 l), 2 x 40 l	–	2 x 136 l (Füllung 105 l), 2 x 40 l
Verbrauch / h	12 l – 20 l	–	12 l – 20 l
Luftschrauben			
Propellertyp	VDM 912188	JUMO VS 19	VDM 912188
Bauart	Metall-Verstellschraube	(f. JUMO 213)	Metall-Verstellschraube
Blattzahl	4	4	4
Durchmesser	3,726 m	3,6 m	3,726 m
Gewichtsdaten			
Rüstgewicht	10 150 kg	10 000 kg	–
Zuladung	5040 kg	3960 kg	–
Abwurflast	Nachtaufkl. 12 x Blitzlichtbombe	entfällt	max. 3000 kg
Besatzung	300 kg	400 kg	300 kg
Abfluggewicht	13 900 kg	15 040 kg	
Zulässiges Landegewicht	12 000 kg	–	–
Leistungsdaten			
Marschgeschwindigkeit	560 km/h in 12 200 m	560 km/h in 12 200 m	–
Höchstgeschwindigkeit	620 km/h in 11 500 m	589 km/h in 11 500 m	610 km/h in 11 600 m
Dienstgipfelhöhe	12 800 m	12 850 m	12 850 m
Reichweite	3100 km in 11 000 m	2200 km in 11 000 m (Nachtjäger)	1770 km

Die Varianten der Ju 388

Nach der knappen Junkers-Darstellung der einzelnen Bereiche der Muster Ju 388 L, -J und -K befaßt sich dieser Kapitelteil mit der Vielfalt der einzelnen Varianten. Auch im Fall der Ju 388 war eine breite Palette von Ausführungen geplant, welche ein großes Einsatzspektrum abdeckt hätte. Doch wie andere zahlreiche Beispiele zeigen, wurde auch hier das Vorhaben nur ansatzweise in die Realität umgesetzt. Die nun folgende Darstellung konzentriert sich, bedingt durch die beschränkte Seitenzahl, in tabellarischer Form, meist nur auf das Wesentliche.

Aufklärer-Varianten

Ju 388 L-1 (Höhen-Fernaufklärer)

- Prototyp: Ju 388 V1
- In der Ausführung als Tagaufklärer standen im Rumpf, genauer im vorderen Lastenraum, ein 1700-l-Tank sowie im hinteren Lastenbereich ein 500-l-Behälter zur Verfügung.
- In der Rolle als Nachtaufklärer reduzierte sich die Treibstoffmenge im vorderen Lastenraum auf 725 l. Der rückwärtige Bereich entsprach dem Tagaufklärer. Der »Nachtschwärmer« verfügte zudem über zwölf Blitzlichtbomben, welche für den Einsatz der beiden Reihenbildkameras die notwendigen Lichtverhältnisse schufen.
- Die Tagbildanlage konnte als Rüstsatz gegen Nachtbild ausgetauscht werden. Details siehe »Aufklärer-Equipment«.

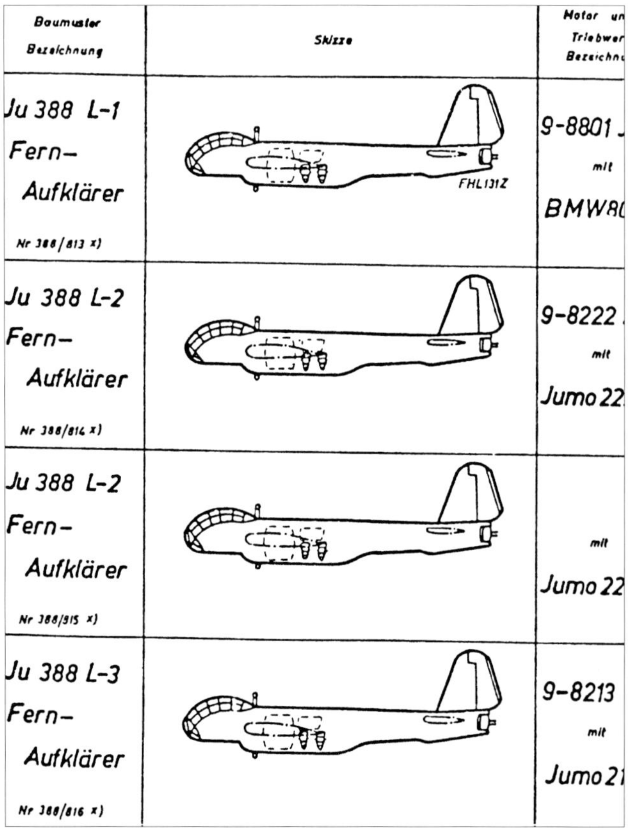

Baumuster Bezeichnung	Skizze	Motor un Triebwer Bezeichn
Ju 388 L-1 Fern-Aufklärer Nr 388/813 x)	FHL131Z	9-8801 J mit BMW80
Ju 388 L-2 Fern-Aufklärer Nr 388/814 x)		9-8222 mit Jumo 22
Ju 388 L-2 Fern-Aufklärer Nr 388/915 x)		mit Jumo 22
Ju 388 L-3 Fern-Aufklärer Nr 388/816 x)		9-8213 mit Jumo 21

Baumuster-Übersicht der Ju 388 L

- Als Antrieb wählte man den BMW 801 J (TJ). Die entsprechenden Unterlagen erwähnen zudem den BMW 801 G.
- Die Abwehrbewaffnung der L-1a gestaltete sich aus einem ferngesteuerten Heckstand, dem damals hochmodernen FHL 131 Z. Bei der Untervariante L-1b kam noch ein zusätzliches handbedientes MG 131 (Steuerbord in Heckrichtung feuernd) zum Einbau.
- Die Variante L-1a erhielt eine dreisitzige Höhenkammer, das Muster L-1b war viersitzig ausgelegt.

Ju 388 L-2 (Höhen-Fernaufklärer)

- Die gravierendsten Unterschiede zur L-1 gestalteten sich in Form des JUMO 222. Dieser Motorentyp hätte der Ju 388 wesentlich optimiertere Leistungen verliehen. Vorgesehen waren dessen Ausführungen A/B und E/F.
- Der JUMO 222 A/B, die 46,6-l-Ausführung, hätte eine Höchstgeschwindigkeit von 650 km in 7200 m Flughöhe verliehen. Die Dienstgipfelhöhe wird mit 11 800 m angegeben. Die Reichweite in einer Flughöhe von 8000 m sollte 2860 km betragen.
- Das Rüst- und Startgewicht schlug in der Ausführung mit JUMO 222 A/B mit 11 230 kg bzw. mit 14 850 kg zu Buche.
- Die mit JUMO 222 E/F, ein 49,8-l-Höhenmotor mit 2500 PS, hätte rechnerisch in einer Flughöhe von 11 000 m eine Höchstgeschwindigkeit von 712 km/h erreicht. Die entsprechende Reichweite wird mit 2490 km angegeben. Die Dienstgipfelhöhe stieg um 1700 m auf 13 500 m. Parallel zur Leistungssteigerung erhöhte sich auch das Rüstgewicht (11 500 kg) und das Startgewicht auf 15 150 kg.

Ju 388 L-3 (Höhen-Fernaufklärer)

- Das Muster L-3 unterschied sich im Wesentlichen nur durch eine andere Triebwerksanlage. Hier war nun der JUMO 213 D-1, das Einheitstriebwerk auf der Basis des JUMO 213 E (mit MW-50), vorgesehen. Im Gegensatz zum ungleich kraftvolleren JUMO 222 mit 2000-2500 PS wies der JUMO 213 eine Leistung von 1750 PS auf, welche per MW-50-Einspritzung auf 2050 PS kurzzeitig gesteigert werden konnte. Entsprechend niedriger gestaltete sich zwischen JUMO 222 und 213 auch das Leistungsniveau. Die Höchstgeschwindigkeit in 10 000 m Höhe lag bei 600 km/h. Die Reichweite lag mit 3150 km (9200 m) jedoch deutlich über der Version L-2.
- Auch das Rüst- und Startgewicht blieb mit 10 050 kg bzw. 13 670 kg unter der Ju 388 L-2.
- Die Energie des JUMO 213 wurde auf vierblättrige VS-19-Luftschrauben übertragen.
- Die Ausführung L-3 verließ in lediglich 1-2 Exemplaren pro Monat die Endmontage. Das Werk Merseburg lieferte bis Dezember 1944 37 Ju 388 L-Äufklärer. Hinzu addierten sich, ebenfalls bis Dezember 1944, zehn weitere Ju 388 L, welche bei Weser Flugzeugbau entstanden.

Nachtjäger und Zerstörer

Ju 388 J-1

Die Ju 388 J-1-Reihe brachte Zerstörer-, Tag- und Nachtjägervarianten hervor. Alle drei Ausführungen waren mit BMW 801 J (TJ) ausgestattet.

Baumuster Bezeichnung	Skizze	Motor und Triebwerks-Bezeichnung
Ju 388 J-1 ag-Zerstörer Nacht-Jäger Nr. 388/802 x)	FHL131Z Ausführungsunterschiede Tag : 2 MK 103 oder 2 MG 151 Nacht: 2 MK 108 und 2 MG 151 und 2 MK 108 schräg	9-8801 J-0 mit BMW 801 G
Ju 388 J-2 ag-Zerstörer Nacht-Jäger Nr. 388/804/805 x)		9-8222A/B mit Jumo222A/B /3
Ju 388 J-2 ag-Zerstörer Nacht-Jäger Nr. 388/806/807 x)		mit Jumo222E/F
Ju 388 J-3 ag-Zerstörer Nacht-Jäger Nr. 388/803 x)		9-8213 D mit Jumo 213 E

Baumuster-Übersicht der Ju 388 J.

Ju 388 J-1 (Tagjäger/Zerstörer)

- Prototyp: Ju 388 V2
- Ausführung mit BMW 801 J (1615 PS Startleistung, 1810 PS kurzz. Maximalleistung).
- Kraftübertragung auf VDM-Vierblatt-Luftschrauben.
- Bewaffnung bestehend aus 2 x MK 103 oder 2 x MG 151/20, Hecklafette mit 2 x MG 131. Keine Bewaffnung im Besatzungsraum.
- Fortfall der bei den Aufklärern und Bombern vorgesehenen Bombenwanne.
- Leistungen: Die Höchstgeschwindigkeit in einer Flughöhe von 11 500 m lag bei 620 km/h. Dienstgipfelhöhe 12 850 m, Reichweite in 11 000 m Flughöhe 2200 km.

Ju 388 J-1 (Nachtjäger)

- Bei diesen Flugzeugen sollte der BMW 801 G, ein Triebwerk mit 1730 PS, Verwendung finden.
- Bewaffnung: 2 x MK 108 (je 110 Schuß) und 2 x MG 151/20 (je 180 Schuß) vorwärts feuernd. Zudem zwei MG 151/20 mit je 200 Schuß in 70° Schrägstellung (genannt »Schräge Musik«).
- Einbau des FuG 220 »Lichtenstein«-Radars SN2 mit der markanten »Hirschgeweih-Antenne«. Die genannte Ausführung entsprach dem Prototyp V2, welcher über die erwähnte Schrägbewaffnung nicht verfügte. Rein optisch entsprach die Bugnase der V2/J-1 dem Ju 88-Nachtjäger mit SN 2.
- Leistungen: Die Höchstgeschwindigkeit reduzierte sich bedingt durch die Geweihantenne auf 589 km/h. Die Reichweite des Nachtjägers J-1 betrug in einer Flughöhe von 11 000 m 2160 km. Die Dienstgipfelhöhe dieses Musters reduzierte sich gegenüber der Tagausführung auf 12 550 m.
- Das Rüstgewicht steigerte sich gegenüber dem Tagjäger um 100 kg auf 10 230 kg. Das Startgewicht blieb mit 13 270 kg nahezu identisch.

Ju 388 J-2 (Zerstörer/Tagjäger)

Aufgrund von technischen Schwierigkeiten mit der ferngesteuerten Hecklafette verzichtete man bei der J-1 zunächst auf deren Einbau. Die Ausnahme bildete hier die V2. Nach Abstellen der Mängel sollte der Heckstand in die Maschinen der J-2-Serie eingebaut werden.

- Die vorgesehene Bewaffnung des J-2-Tagjägers setzte sich aus 2 x MK 103 oder 2 x MG 151/20 in eine unter dem Rumpf befindlichen Wanne und der erwähnte Hecklafette mit 2 x MG 131 zusammen.
- Die Einbauten und Lasten summierten sich zu einem Rüst- und Startgewicht von 10 120 kg beziehungsweise 14 177 kg.
- Gegenüber der mit BMW 801 ausgestatteten J-1 sollten diese Maschinen mit JUMO 222 bestückt werden. Im Fall der J-2 sah man den JUMO 222 A/B mit einer Leistung von 2000 PS vor.
- Dieses Motoren verliehen der J-2 in 7200 m eine Höchstgeschwindigkeit von 650 km/h. Die Reichweitenleistung bei einer zu Grunde gelegten Flughöhe von 8000 m wird mit 2000 km angegeben. Die Dienstgipfelhöhe lag bei 11 900 m.
- Die Abmessungen entsprachen der J-1.

Ju 388 J-2 (Nachtjäger)

- Das gänzlich andersgeartete Einsatzspektrum erforderte eine darauf abgestimmte technische Ausrüstung. Diese Ausführung der J-2 erhielt das NJ-Ortungssystem FuG 220 »Lichtenstein« mit der markanten geweihähnlichen Antenne am Bug.
- Die Bewaffnung des Nachtjägers (2 x MK 108 und 2 x MG 151/20 in der Waffenwanne) unterschied sich durch die beiden als Schrägbewaffnung installierten MK 108 von der Zerstörer/Tagjäger-Ausführung.
- Antriebsseitig (mit JUMO 222) entsprach der Nachtjäger der anderen J-2-Variante. Durch die Installation der »Geweihantenne« reduzierte sich die Geschwindigkeit der NJ-Variante auf 626 km/h (7200 m).
- Auch die Reichweite verminderte sich um 250 km auf 1850 km. Die Dienstgipfelhöhe von 11 600 m lag geringfügig unter der Tagesvariante.
- Im Gegenzug zu den abfallenden Leistungen war ein Gewichtszuwachs zu verzeichnen. Dieser resultierte nicht zuletzt durch den Einbau von zusätzlicher Bewaffnung und elektronischer Ausrüstung. Das Rüstgewicht stieg um 1115 kg auf den Wert von 11 235 kg. Die Startmasse schlug mit 14 362 kg zu Buche.

Bedauerlicherweise ist die tatsächlich produzierte Stückzahl der hier genannten Ausführungen der J-2 nicht definitiv bekannt. Falls tatsächlich Flugzeuge dieses Typs die Endmontage verlassen haben, so kann es sich aufgrund der JUMO 222-Misere nur um Einzelstücke gehandelt haben.

Ju 388 J-2 (Zerstörer/Tagjäger)

- Hier handelte es sich um eine leistungsgesteigerte Ausführung, ausgestattet mit JUMO 222 E/F-Triebwerken. Diese Version des JUMO 222 verfügte über 49,8 l Hubraum und erzeugte 2500 PS. Die Variante E/F verlieh dem Tagjäger eine Höchstgeschwindigkeit von 710 km/h in 11 500 m Flughöhe. Die Reichweite reduzierte sich im Vergleich zur mit A/B-Motoren ausgestatteten Version um 320 km auf 1680 km.

- Da es sich beim JUMO 222 E/F um einen kraftvollen Höhenmotor handelte, konnte die Dienstgipfelhöhe auf 13 600 m angehoben werden.
- Auch hier ging die Leistungssteigerung mit einem höheren Rüst- und Startgewicht einher. Erstere erhöhte sich um 280 kg auf 11 400 kg, die Startmasse um 323 kg auf 14 500 kg gegenüber der mit JUMO 222 A/B ausgerüsteten Variante.
- Die Bewaffnung entsprach der erstgenannten J-2-Ausführung (JUMO 222 A/B).

Ju 388 J-2 (Nachtjäger)

- Diese leistungsgesteigerte Nachtjagdvariante lag ebenfalls der JUMO 222 E/F zu Grunde.
- Die Rüstmasse und das Startgewicht sind in den Unterlagen mit 11 565 kg bzw. 14 690 kg ausgewiesen.
- Leistungsangaben wie folgt: Dienstgipfelhöhe 13 350 m, Reichweite (bei Marschgeschwindigkeit) 2570 km.
- Die Bewaffnung entsprach mit 2 x MK 108 und 2 x MG 151/20 in der Rumpfwanne und mit 2 x MK 108 als Schrägbewaffnung sowie dem ferngesteuerten Heckstand dem bisherigen Standard der J-2-Nachtjäger.
- Auch bei diesem J-2-Muster bestand das Ortungssystem noch aus dem FuG 220 »Lichtenstein«, auch SN2 genannt.

Auch im Fall der hier angesprochenen Muster ist es zweifelhaft, ob sie tatsächlich verwirklicht wurden. In Anbetracht der Geschehnisse um den JUMO 222 kann es sich auch hier nur um vereinzelte Exemplare handeln, zumal diese Entwicklungsstufe des JUMO 222 (E/F) noch später zur Verfügung stand als die A/B-Variante.
Die Angaben bezüglich der Bewaffnung sind oft widersprüchlich. Nicht nur die einschlägige Literatur, sondern auch Originalunterlagen weisen in diesem Punkt Unstimmigkeiten auf. Hier wurden wohl Entscheidungen mehrfach, aus welchen Gründen auch immer, verworfen und neue Prioritäten gesetzt.

Ju 388 J-3 (Zerstörer/Tagjäger)

- Den wesentlichsten Unterschied zu den bisherigen J-Varianten stellte die Verwendung des JUMO 213 dar. Gemäß der Junkers-Kurzbaubeschreibung handelte es sich um das Einheitstriebwerk 9-8213 D-1, welches auf der Basis des JUMO 213 E entstand. Dessen Startleistung wird mit 1750 PS, die Steig- und Kampfleistung mit 1580 PS in Bodennähe und 1430 PS in 10 200 m angegeben (Volldruckhöhe). Ausgestattet mit MW-50.
- Vierflügelige Junkers VS-19-Luftschrauben mit 3,6 m Durchmesser verwandelten die Motorenleistung in Vortrieb.
- Die Kraftstoffanlage gestaltete sich aus sechs Behältern mit einem Gesamtfassungsvermögen von 3280 l.
- Die Bewaffnung, hier bezeichnet als »Starrer Zerstörersatz«, links unter dem Rumpf zwischen Spant 9 und 15 platziert, beinhaltete 2 x MG 151/20 und 2 x MK 108 als vorwärts feuernde Komponente. In diesem Zusammenhang nennen andere Quellen die Verwendung von zwei MK 103. Zur bereits erwähnten Bewaffnung sollte die J-3 noch über die ferngesteuerte Hecklafette FHL 131 Z verfügen.
- Leistungsdaten: In 10 200 m Flughöhe war eine Höchstgeschwindigkeit von 617 km/h möglich. Die Reichweite betrug bei einer Höhe von 9200 m 2230 km. Als Dienstgipfelhöhe werden 12 500 m genannt.

Ju 388 J-3 (Nachtjäger)

- Auch in dieser Ausführung fand das eben erwähnte Jumo 213-Einheitstriebwerk Verwendung.
- Die nach vorne gerichtete Bewaffnung gestaltete sich lt. Junkers-Kurzbeschreibung aus 2 x MG 151/20 und 2 x MK 108. Die sogenannte »Schrägbewaffnung« bestand lt. diesen Unterlagen aus 2 x MG 151/20 (installiert hinter Spant 15). Andere Dokumente nennen die Verwendung von zwei MK 108.
- Im Gegensatz zum Nachtjäger J-1 und J-2 sah man hier das Ortungsgerät SN3 vor. Das FuG 228 »Lichtenstein« verfügte über die sogenannte »Morgensternantenne«, deren Installation das Erscheinungsbild des Bugbereichs grundlegend veränderte. Die J-3 erhielt nun die nicht minder markante, spitz zulaufende Bugnase, welche neben der Optik auch die Länge des Flugzeugs veränderte. Der neu gestaltete Bugbereich erhöhte die Rumpflänge auf 16,29 m. Hinzu kam am Heck des Flugzeugs die Antenne des Heck-Warngeräts. Mit dem Einbau dieser Antenne erhöhte sich die Länge des Flugzeugs auf 17,70 m.
- Die Leistungsdaten dieser Nachtjagd-Ausführung werden mit 585 km/h Höchstgeschwindigkeit (10 200 m), Dienstgipfelhöhe 12 000 m und einer Reichweite von 2040 km angegeben.
- Bezüglich der Leistungssteigerung war in jeder Fläche ein 150-l-Tank (MW-50) vorgesehen. Die Flugdauer wollte man mittels zwei 700-l-Abwurftanks erhöhen.

Ju 388 J-4 (Zerstörer/Schwerer Nachtjäger)

Nicht minder interessant ist diese nur auf dem Reißbrett verwirklichte Variante. Hier wurde wahrlich »schweres Geschütz« aufgefahren. Es handelte sich hierbei um eine NJ-Ausführung mit zwei 5-cm-Bordkanonen. Beide MK 214 oder BK 5 sollten in einer zentral unter dem Rumpf platzierten Waffenwanne versetzt installiert werden. Entsprechende Erfahrungen waren durch die Ju 88 P-4 (1 x BK 5) bereits vorhanden. Der Einbau der beiden Waffen, plus allem für den Betrieb notwendigen Equipment (ohne Munition), hätte mit 1200 kg zu Buche geschlagen. In der näheren Wahl stand auch die BK 5 des Herstellers Rheinmetall, welche das aus der KWK 39 (Kampfwagenkanone) entwickelte Konkurrenzprodukt zur MK 214 von Mauser darstellte. Diese Waffe war auch für die Ju 288 vorgesehen.
Verschiedene Teile der MK 214, darunter der Lauf, stammte ebenfalls von der KWK 39. Mit beiden Waffentypen hätte die Ju 388 sowohl im Kampf gegen Bodenziele als auch gegen Ziele in der dritten Dimension eingesetzt werden können. Ob sich insbesondere die Bomberbekämpfung tatsächlich so erfolgreich wie erwartet gestaltet hätte, sei dahin gestellt. Angesichts der zahlreichen und zunehmend allgegenwärtigen Begleitjäger wären die Einsätze mit solch vergleichsweise schwerfälligen »Kriegselefanten« trotz Deckung durch Einmot-Jagd auch für die Ju 388 sehr verlustreich gewesen. Ein Beispiel für die Erfolge dieser großkalibrigen Flugzeugbewaffnung sei hier erwähnt. Im Zeitraum zwischen Februar und April 1944 gelang es mit Me 410 A-2/U4 (mit 1 x BK 5 bewaffnet) bei neun Eigenverlusten 29 B-17 und vier B-24 abzuschießen. Zweifellos Einzelerfolge, aber nicht die Regel. Weit wirksamer wäre der Masseneinsatz der R4M-Rakete gewesen. Zudem gab es Nachteile technischer Natur. Die MK 214 A (»A«= Kennung für Flugzeugbewaffnung) hatte den gravierenden Nachteil, daß die Waffe am Boden vor dem Flug per Hand durchgeladen werden mußte. Mit der Folge, daß im Flug eine eventu-

ell auftretende Ladehemmung nicht mehr beseitigt werden konnte. Ein Manko, das die Konstrukteure der J-4 zähneknirschend akzeptierten.
Bezüglich der Triebwerksanlage, anderweitiger Bewaffnungsvariationen oder sonstiger Ausrüstung stehen derzeit keine Informationen zur Verfügung.

Bomber-Varianten

Ju 388 K (Bomber)

Für ein wesentlich anderes Betätigungsfeld wurde die Ju 388 K geschaffen. Es handelte sich hierbei um eine Bomberausführung, welche mit der Ju 388 V3 in die Erprobung ging. Der Bomber entsprach in seinen Abmessungen der Ju 388 L. Ausrüstungsmäßig unterschied sich der Bomber hingegen erheblich.

- In der aus Holz gefertigten Bombenwanne waren vier Schlösser des Typs 500 XII, zwei Schlösser der Bauart 2000/XIII B-1, ein L-Gerät 8-Schloß 50 B-1 und vier Träg 2 Schloß 50/X B-2 installiert.
- Hinzu kamen eine neue Bombenklappen-Betätigung, die elektrische Blind/Scharfeinstellung sowie ein Notzuggestänge und das Zielgerät Lotfe 7 H.
- Die Abwehrbewaffnung im Kabinenbereich bestand aus einem im B-Stand beweglich installierten MG 131 mit 500 Schuß. Zwei weitere MG 131 wurden starr, fernbedient in rückwärtiger Richtung feuernd, in der Bombenwanne plaziert.
- Die Ju 388 K-0 und K-1 verfügten über Triebwerke des Typs 9-8801 J-0, welche auf vierflügelige VDM-Propeller wirkten.
- Die Kraftstoffanlage bestand aus sechs Behältern unterschiedlicher Größe mit einem Gesamtfassungsvermögen von 2960 l. Bis zum Abschluß der Tests des explosionsgeschützten 500-l-Behälters sollten als Interimslösung 425-l-Tanks mit Schnellablaß installiert werden. Die Treibstoffmenge hätte sich in diesem Fall auf 2885 l reduziert.

Ju 388 K-1 (Bomber)

Die Serienausführung wies folgende bekannte Unterschiede aus:

- Im Zuge dieser Serienausführung war neben dem BMW 801 J (TJ) auch die Version TM geplant. Diese projektierte Version des BMW 801 sollte einen neuen Turbolader erhalten. Die Leistungsgrenze dieses Motors wäre bis zur 2000-PS-Marke vorgerückt. Das BMW-Projekt wurde 1944 eingestellt.
- Das Erscheinungsbild zwischen Ju 388 K-1 und L-1 war weitgehend identisch. Beide Muster verfügten über die aus Holzwerkstoff gefertigte Bombenwanne, welche bis 3000 kg Abwurfmunition aufnehmen konnte (Bombervariante).
- Die Bewaffnung entsprach dem Muster K-0. Im Fall der K-1 kam zudem die Hecklafette FHL-131 Z zum Einbau.
- Leistungen: Die Höchstgeschwindigkeit der K-1 lag in 11 600 m Höhe im Bereich von 610 km/h. Reichweite bei Marschgeschwindigkeit maximal 1770 km. Die Dienstgipfelhöhe betrug 12 850 m.
- Die Gewichtsdaten: Rüstgewicht 10 250 kg, Startmasse 14 275 kg.

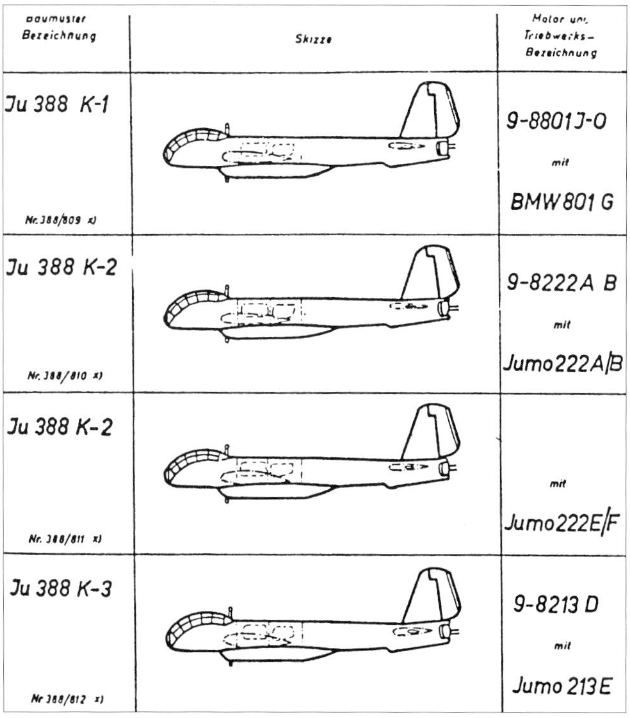

Baumuster Bezeichnung	Skizze	Motor und Triebwerks-Bezeichnung
Ju 388 K-1 Nr. 388/809 x)		9-8801J-0 mit BMW 801 G
Ju 388 K-2 Nr. 388/810 x)		9-8222A B mit Jumo 222A/B
Ju 388 K-2 Nr. 388/811 x)		mit Jumo 222E/F
Ju 388 K-3 Nr 388/812 x)		9-8213 D mit Jumo 213E

Baumuster-Übersicht der Ju 388 K.

Ju 388 K-2 (Bomber)

Im Gegensatz zur K-1 handelte es sich hier um eine Bomberversion, basierend auf dem JUMO 222, lediglich ein Projekt, welches nicht mehr zum Tragen kam.

- Zwei verschiedene Ausführungen des JUMO 222 (A/B und E/F) sollten in den beiden Untervarianten Verwendung finden.
- Die Leistungen der Ausführung mit JUMO 222 A/B (mit 2000 PS): Höchstgeschwindigkeit in 12 000 m Flughöhe 635 km/h. Dienstgipfelhöhe 11 700 m. Reichweite unter Zugrundelegung der Marschgeschwindigkeit 2080 km.
- Die Leistungsdaten der mit JUMO 222 E/F (2500 PS) ausgestatteten K-2: Höchstgeschwindigkeit in 11 500 m 695 km/h, Dienstgipfelhöhe 13 500 m. Reichweite bei Marschgeschwindigkeit 1800 km.
- Die Gewichtsdaten der beiden Ausführungen gestalteten sich wie folgt: Die Variante mit JUMO 222 A/B wies ein Rüstgewicht von 11 215 kg auf. Die leistungsgesteigerte K-2 hingegen 11 545 kg. In der Disziplin Startmasse glichen sich beide Muster mit 16 000 kg zu 15 930 kg weitgehend an.

Möglicherweise wurde nur ein Exemplar in dieser Konfiguration gefertigt. Dessen tatsächliche Existenz kann jedoch nicht definitiv nachgewiesen werden.

Ju 388 K-3 (Bomber)

- Der gravierendste Unterschied zu den bisher vorgestellten K-Varianten ist in der Verwendung eines anderen Junkers-Triebwerks zu suchen. Hier wich man, wie mehrmals in der Ju 388-Typenreihe, auf den JUMO 213 E aus. Höchstwahrscheinlich ist auch hier das Einheits-Bombertriebwerk 9-8213 D-1 gemeint.
- Die Abmessungen entsprachen den anden Ausführungen der K-Reihe.

- Die Leistungsdaten: Höchstgeschwindigkeit 590 km/h in 10 900 m. Die Dienstgipfelhöhe lag mit 12 450 m unter der K-2. Die Reichweite wird mit 2160 km (in 9200 m) angegeben.
- Die Gewichtdaten: Das Rüst- und Startgewicht lag bei 10080 kg, beziehungsweise 14 400 kg. Die Rüstmasse lag fast bei 1,5 t, das Startgewicht sogar 1,6 t über dem Wert der K-2. Alle Daten wurde auf mathematischem Weg ermittelt, da auch die Ausführung K-3 nicht verwirklicht wurde.

Ju 388 M (Torpedobomber)

Abschließend zur Ju 388-Typenreihe ist noch der Torpedobomber Ju 388 M zu nennen. Das Basismuster stellte die K-Version dar. Bei der Variante M-1 wurde auf die Bombenwanne verzichtet. Lediglich ein ETC 2000 war zur Aufnahme eines Blohm & Voss L 10 »Friedensengel« (Torpedo mit Gleitflächen) vorgesehen.
Angeblich sollen sich einige Vorserienexemplare bei Kriegsende im Bau befunden haben. Definitive Informationen sind auch hier nicht verfügbar.
Soweit die Übersicht bezüglich der im Rahmen des Ju 388-Programms geplanten Versionen und deren Varianten. Die wenigsten der hier vorgestellten Ausführungen wurden auch tatsächlich verwirklicht. Auch in Bezug auf die Details sind die Unterlagen oft sehr lückenhaft und die Quellen zum Teil widersprüchlich. Die Geschichte dieses Flugzeugtyps möglichst ohne große Lücken zu dokumentieren, ist ein erstrebenswertes Ziel, welches sich durch die unbefriedigende Dokumentenlage teilweise sehr schwierig gestaltet. Leser, die zur Klärung offener Punkte einen Beitrag leisten können, möchten sich bitte über den Verlag mit dem Autor in Verbindung setzen.

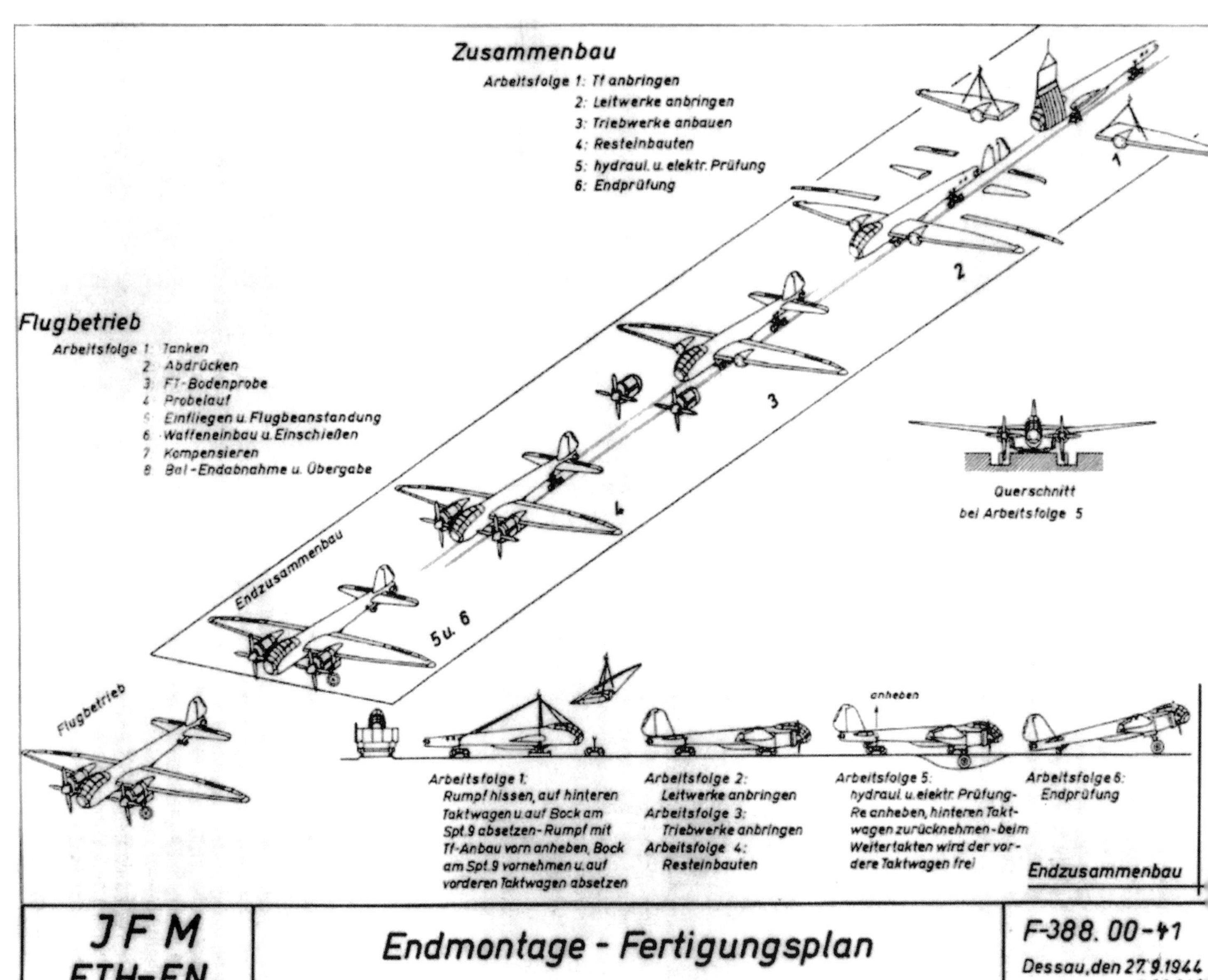

Der Endmontage-Fertigungplan für das Muster Ju 388 (Junkers-Grafik v. September 1944).

In Serie – die Fertigung des Musters Ju 388

Wie bei der Ju 288 waren auch hier die Produktionspläne von Enthusiasmus geprägt, welcher auch im Fall der Ju 388 sein ursprüngliches Ziel weit verfehlte. Drei Grundversionen der Ju 388 sollten die Produktionsstätten verlassen. Grundlage hierfür bildete das sognannte »Hubertus-Programm«, in dessen Rahmen die Ju 188-Höhenversion auf schnellstem Wege in Form der Ju 388 serienmäßig realisiert werden sollte.

Der Bau des Musters Ju 388 L

Die erste Maschine, welche die Endmontage verließ, stellte die Ju 388 V1 dar. Das Werk Merseburg fertigte zunächst zehn Vorserienmaschinen des Typs L-0, die aus Ju 188 S-Zellen entstanden. Es folgte ein Auftrag über mehrere hundert Exemplare der Serienausführung L-1. Diese teilte sich in die Ju 388 L-1a (3-Mann-Höhenkammer) und L-1b mit viersitziger Druckkabine. Die L-2 hätte anstelle des BMW 801 über den JUMO 222 verfügt. Für das Muster L-3 waren JUMO 213 bestimmt.
Bis zum Jahresende 1944 hatte Merseburg 37 Ju 388 L produziert, darunter 1-2 Einheiten des Typs L-3. Zu diesem Maschinen addierten sich weitere zehn Ju 388 L, welche bei Weser Flugzeugbau in den Monaten November und Dezember (jeweils fünf) die Endmontage verließen.
Gemäß einer Aufstellung vom September 1944, die die Flugzeugübernahmen der Luftwaffe dokumentierte, weist 3821 Maschinen diverser Typen aus. Darunter befanden sich lediglich drei Ju 388-Vorserienmaschinen. Von der Arado Ar 234 kamen 18 Maschinen zur Luftwaffe. Die Fertigung der Muster He 111, Ju 87, Hs 129, Me 410, Ju 352 und Do 24 liefen hingegen in diesem Monat aus.

Die Produktion der Ju 388 J

Der Prototyp dieser Höhenzerstörer/Nachtjäger-Ausführung erhielt die Bezeichnung Ju 388 V2. Der Luftkrieg in diesem Stadium erforderte Flugzeuge mit guten Höhenleistungen. Die Ju 388 war auch dafür ausersehen, die mit großer Besorgnis erwarteten Boeing B-29-Bomber der Amerikaner zu bekämpfen. Für damalige Verhältnisse riesenhafte Bomber, die gegen den Verbündeten des damaligen Deutschlands, Japan, mit verheerender Wirkung zum Einsatz kamen. Am Himmel über Deutschland wurden die ersten B-29 für Ende 1944/Anfang 1945 erwartet. Eine unheilvolle Erwartung, die glücklicherweise nicht real wurde.
Die Ju 388 V2 nahm im Januar 1944 die Flugerprobung auf. Es folgten die Muster V4 und V5, das erste und zweite V-Muster dieser Baureihe. Lediglich die Ausführung J-1 ging 1944 in Produktion, welche jedoch nach kurzer Zeit aufgrund neuer Rüstungsrichtlinien im November 1944 wieder gestoppt wurde. Andere Quellen berichten über den Serienstart der Ju 388 im Januar 1945. Hierbei sollen die entsprechenden Vorbereitungen im Dezember 1944 gestoppt warden sein. So kann man annehmen, daß auch im günstigsten Fall lediglich die sprichwörtliche »Handvoll« Maschinen der Ausführung Ju 388 J die Endmontage verließ. Definitive Erkenntnisse stehen aufgrund der lückenhaften Quellenlage derzeit nicht zur Verfügung.

Die Fertigung der Ju 388 K

Die Bomberausführung Ju 388 K entstand zuerst in Form des Prototyps V3. Dieses Versuchsmuster flog entsprechend der J-Version erstmals im Januar 1944. Noch im selben Jahr, genauer ab Juli, verließen in Dessau zehn Exemplare der Vorserie sowie fünf Maschinen der Variante K-1 die Werkhallen. Die Ausführungen K-2 beziehungsweise K-3 wurden hingegen nicht verwirklicht. Auch für die Ju 388 K galt der zu Anfang 1945 verhängte Baustopp. Ergänzend sei hinzugefügt, daß sich eine unbestimmte und geringe Zahl von Ju 388 M-Torpedobombern (Vorserie) zum Zeitpunkt des Baustopps im Bau befanden.

Im Gesamten ergibt die Ju 388-Fertigung folgendes Bild:

- Prototypen – V1-V5 (drei davon Ju 388 J).
- Ju 388 L – 37 Maschinen (in Merseburg ab Oktober 1944 ausgeliefert), 10 (bei Weser in Bremen ab November 1944).
- Ju 388 J – Nur Prototypen V2, V4 und V5 definitiv nachweisbar.
- Ju 388 K – Version K-0 (10), K-1 (5), K-2 (vermutlich nur ein V-Muster).
- Ju 388 M – Einige Maschinen im Bau, jedoch nicht fertiggestellt.

Maximal 70-75 Ju 388 aller Ausführungen wurden gebaut. Gegenüber den ursprünglichen Produktionsplänen eine verschwindend geringe Anzahl. Gemäß der Planung des Jägerstabes vom 8. Juli 1944 sollten 300-400 Ju 388 in den genannten Versionen die Werke verlassen. Im Vergleich hierzu waren per Monat zudem 180 Ju 88 und 50 He 219-Nachtjäger geplant. Lediglich drei Ju 388 J wurden definitiv nachweisbar gebaut. Den weitaus überwiegenden Teil der spärlichen Ju 388-Fertigung beanspruchte die Ju 388 L-Aufklärervariante. Erwähnenswert ist auch, daß zwischen deutschen und japanischen Stellen Verhandlungen über Lizenzrechte für die Ju 388 stattfanden. Die Liste der Japaner war lang und die Ju 388 nur einer der zahlreichen Punkte. Weitere Lizenzen wurden für andere Junkers-Produkte beantragt. Beispiele hierfür bieten die Ju 288 und Ju 390, aber auch Antriebsquellen wie JUMO-Motoren der Typen -222, -223 und die damals hochmoderne 004-Turbine. Baupläne und verschiedene Musterteile sollten per Uboot nach Japan transportiert werden. Vorhaben, die im Zuge einer immer katastrophaler werdenden Kriegslage kaum noch durchführbar waren. Nur wenigen Ubooten gelang es auf dem gefahrvollen Seeweg ins ferne Nippon zu gelangen. Die Pläne einer groß angelegten Lizenzproduktion auf japanischem Territorium blieben das war sie waren, eben Pläne.

Die Ju 388 in Truppen-Erprobung

Das Erprobungskommando 388

Wie bereits berichtet, wurde das Ju 288-Programm gegen Mitte des Jahres 1943 offiziell eingestellt. Die Ju 288 hinterließ somit eine Lücke, die es schnellstens zu schließen galt. In Betracht kam zunächst die Ju 188, welche in der Folge laut Planung ihrerseits durch die Ju 388 abgelöst werden sollte. Im Prinzip war die Ju 388 eine Höhenausführung des erstgenannten Musters. Um die drei Grundversionen der Ju 388 auf ihre Truppeneignung zu testen, wurde das EK 388 mit Wirkung zum 15. Juli 1944 aufgestellt. Gegen Ende Juli bezog das Vorkommando die hierfür vorgesehenen Einrichtungen in Rechlin. In diesem Monat befanden sich acht Ju 388 in der E-Stelle, wovon drei Maschinen für das Erprobungskommando vorgesehen waren. Schon bald darauf erhielt das Kommando neue Richtlinien bezüglich des Erprobungsumfangs. Anfang Oktober 1944 kam die Weisung, sich lediglich auf die Nachtjagdvariante zu konzentrieren.
Durch ein offizielles Schreiben (vom 29. Juli 1944) handelte es sich hierbei um folgende Flugzeuge:

Werknummern 300 009*, 300 291, 230 153, 230 155, 300 004*,300 005*, 300 008*.

*Ju 388 L

Eine Junkers-Mitteilung vom 1. August 1944 meldet die o.g. Maschinen mit zu diesem Zeitpunkt aktuellen Flugstundenzahlen:
300 002 (27), 300 009, 300 291 (15), 230 153** (25), 230 155*(8), 300 004 (30), 300 005 (55), 300 007 (48), 300 009 (28).

*K-0, KS+TE
**K-0, KS+TC

Die beiden Meldungen weisen eine Differenz auf. Werknummer 300 008 fehlt in der Junkers-Mitteilung. Statt dessen wird WNr. 300 002 erwähnt.
Kaum hatte sich das EK 388 in Rechlin etabliert, wurde die Erprobungsstelle das Ziel der amerikanischen 8. Air Force. Der Angriff wurde am 25. August 1944, gemäß der amerikanischen Strategie bei Tage, vorgetragen. Ziele der Mission, 570 waren neben Rechlin die Ölindustrie und technische Einrichtungen in Pölitz. Auf die genannten Ziele waren an diesem Tage B-17 der 3. Bomb Division angesetzt. Gestartet waren 380 Boeings, deren Anzahl sich bis zum Ziel aus verschiedenen Gründen auf 354 Bomber reduziert hatte. Kurz nach der Mittagsstunde erklangen in Rechlin die Luftschutzsirenen. Insgesamt 179 B-17 erschienen über Rechlin und belegten den Platz mit 396 t Bomben (436 ts). Aus Richtung Stettin kommend öffneten zuerst die Boeings der 486. BG und 487. BG ihre Bombenschächte. Dies war der Auftakt zu einem zwanzigminütigen Angriff, welcher etwa zwanzig Menschenleben fordern sollte. Die materiellen Schäden waren fatal. Sämtliche Hallen wurden getroffen. Bis zur Beseitigung der gröbsten Schäden wurde der Flugbetrieb auf die Plätze Lärz und Roggentin für die Dauer von vierzehn Tagen verlegt. Doch auch die Angreifer hatten Verluste hinzunehmen. Die von 215 Mustangs und Thunderbolts begleiteten Pulks verloren acht B-17, eine weitere mußte nach der Rückkehr in England abgeschrieben werden. Die stattliche Zahl von insgesamt 182 B-17 erlitt Beschädigungen verschiedenster Kategorien. Bei Einsatzende waren 64 Mann vermißt, zehn kehrten verwundet zur Basis zurück. Hinzu kam noch der Verlust von vier Begleitjägern des Typs P-47. Die vergleichsweise geringen Verluste des Gegners waren auf die zunehmende Schwächung der Reichsverteidigung zurückzuführen. Der Rechlin angreifende Verband blieb während des gesamten Einsatzes von Jägerangriffen verschont. Lediglich die Flak forderte ihren Tribut.

Eine Junkers-Mitteilung vom 31. August 1944 nennt drei Ju 388 als zerstört beziehungsweise als Folge des Angriffs als beschädigt.

Werknummer 300 007 – Durch Brand zerstört.
Werknummer 300 291 – Ebenfalls durch Brand vernichtet.
Werknummer 230 155 – Durch umherfliegende Trümmer zu 70 % beschädigt.

Außerdem wird noch die WNr. 300 005 erwähnt, welche am 30. August 1944 in Stolp aufgrund eines Motorschadens durch Bauchlandung beschädigt wurde.

Gemäß der Junkers-Mitteilung vom 2. Oktober 1944 waren beim EK 388 Ende September folgende Maschinen gemeldet:

WNr. 500 005 (L-1 / V5), 300 009 (L-0), 340 081 (L-1), 340 084 (L-1), 340 085 (L-1), 340 086 (L-1), 230 153 (K-0).

Das EK 388 hatte in der Folge des Angriffs zwei Ju 388 als Totalverlust sowie eine schwer beschädigte Maschine zu verzeichnen. Im September 1944 betrug die Stärke des Kommandos sieben Maschinen. Nicht nur die Auswirkungen des US-Raids wirkten sich auf die Erprobungstätigkeit aus, sondern auch wetterbedingte Verzögerungen und die oft schlechte Bauausführung der gelieferten Maschinen trugen ihr Scherflein hierzu bei.
Im Zuge der Testreihen zeigte sich auch die zu optimistische Einschätzung des Musters Ju 388, welche mit ihren BMW 801-Motoren keine drastische Leistungserhöhung brachte. In Konsequenz hierzu erging am 14. Februar des Folgejahres der Auflösungsbefehl für das erst ein halbes Jahr existierende Erprobungskommando. Das entsprechende Personal wurde in der Folge zum KG 76 sowie zur weiteren Verwendung beim EK 335 abkommandiert. Auch das EK 335 sollte per Befehl von 14. Februar 1945 aufgelöst werden. Dieser Befehl wurde jedoch kurz darauf annulliert, da nun die Do 335 im Führer-Notprogramm gewissermaßen als »Lückenbüßer« fungieren sollte, falls sich die Erwartungen an die Me 262 nicht erfüllen sollten. Für das EK 388 bedeutete diese Weisung jedoch unwiderruflich das Aus.

Aufgrund der Auswertung verschiedener das EK 388 betreffende Monatsberichte ist für folgende Ju 388 die Zugehörigkeit (1944) zu dieser Organisation nachweisbar:

- WNr. 230 153 (Gesamtflugstunden, Stand September = 22 h 45 min)
- WNr. 300 009 (Gesamtflugstunden, Stand Oktober = 90 h 44 min)
- WNr. 300 292 (Keine Angaben verfügbar)
- WNr. 340 081 (Gesamtflugstunden, Stand Oktober = 26 h 06 min)

- WNr. 340 083 (Überschlag in Fürth am 11. September 1944, 65 % Bruch)
- WNr. 340 084 (Gesamtflugstunden, Stand Oktober = 43 h 29 min)
- WNr. 340 085 (Gesamtflugstunden, Stand November = 43 h 55 min)
- WNr. 340 086 (Gesamtflugstunden, Stand November = 6 h 03 min)
- WNr. 340 087 (Gesamtflugstunden, Stand Oktober = 26 h 47 min)
- WNr. 340 088 (Gesamtflugstunden, Stand November = 28 h 27 min)
- WNr. 340 089 (Nur 5 h 35 min im Oktober belegt)
- WNr. 340 090 (Gesamtflugstunden, Stand Oktober = 11 h 55 min)
- WNr. 340 093 (Gesamtflugstunden, Stand November = 5 h 50 min)
- WNr. 340 094 (Gesamtflugstunden, Stand November = 12 h 20 min)
- WNr. 500 001 (Gesamtflugstunden, Stand Oktober = 2 h 03 min)
- WNr. 500 005 (Gesamtflugstunden, Stand September = 45 h 52 min)

Der Versuchsverband Ob. d. Luftwaffe

Der im März 1942 aufgestellte Versuchsverband Ob. d. Luftwaffe (1944 umbenannt in Versuchsverband OKL) testete bis zu seiner Auflösung im April 1944 eine ganze Reihe von Flugzeugtypen. Darunter befanden sich beispielsweise die Ar 240, Ar 234, Bv 141, Do 335, Fh 104, He 111, Ju 86, Ju 88, Ju 188, Ju 290, Me 109, Me 110, Me 262, Me 410 und diverse Feindmuster. Die Junkers-Reihe ergänzte nun die Ju 388. Bekannt sind in diesem Zusammenhang drei Exemplare der Version Ju 388 L, wovon eine Maschine das Verbandskennzeichen T9+DL trug. Die Integration der Ju 388 in den Verband erfolgte Ende 1944. Bei den hier eingesetzten Maschinen handelte es sich ausnahmslos um Ju 388 L. Bezüglich der Erprobung von Ju 388 J und -K ist derzeit nichts in Erfahrung zu bringen. Gesicherte Erkenntnisse existieren jedoch dahingehend, daß keine Ju 388 bei regulären Einsatzverbänden geflogen wurde.

Die Beute der Sieger – Das Muster Ju 388 im Test der Alliierten

Im Zuge der Besetzung des noch von deutschen Truppen okupierten Gebiets sowie während des Vormarsches innerhalb der Grenzen Deutschlands stießen die Alliierten neben vielen bekannten Dingen auch auf für künftige eigene Vorhaben äußerst wichtige Waffentechnik verschiedenster Art. Spezialeinheiten, welche auf das Aufspüren solcher Infomationen »geeicht« waren, rückten gewissermaßen im »Windschatten« der kämpfenden Truppe vor, um hochentwickelte Technik oder ensprechende Unterlagen zu sichern. Dieses System bewährte sich und wurde von Amerikanern, Engländern aber auch den Sowjets und Franzosen mit Erfolg angewendet. Es entstand oft ein buchstäbliches Wettrennen, um wichtige Erkenntnisse für die eigene Nation zu sichern. Das entsprechende Personal besaß die Kompetenz, den technischen Wert eines Panzertyps, Flugzeugs oder was auch immer im Regelfall zu erkennen. Dies konnte man von der kämpfenden Truppe zweifellos nicht behaupten, wie zahlreiche Beispiele zeigen. All zu oft wurden wichtigste Funde Opfer der Zerstörungswut der eigenen Soldaten, welche sich auch als Souvenierjäger betätigten oder ein für künftige Untersuchungen wichtiges Flugzeug zerstörten bzw. oft aus Langeweile für Schießübungen mißbrauchten. So fiel so manches für Ingenieure oder Wissenschaft wertvolles Gut dem Zerstörungswerk anheim. Solche Vorfälle sind zu Hauf durch Berichte belegt. Ein weiteres Betätigungsfeld war das Aufspüren von Wissenschaftlern und Technikern, welche den Alliierten schon bald mehr oder minder freiwillig zu Diensten waren. Besonderes Augenmerk wurde dabei auf das in der Luftfahrt tätige Personal gelenkt. Absolute Priorität genoß der Bereich Strahlflugzeuge und die Raketentechnik. Im Fall der Erstgenannten erwarben sich beispielsweise Watsons »Whizzers« in diesem Metier legendären Ruhm. Die Liste der Flugzeuge, welche für Testreihen in die Heimatländer der Sieger verbracht wurden, wuchs stetig an. Die Amerikaner nutzten den Begleit-Flugzeugträger »Reaper«, um ausgewählte Beuteflugzeuge auf dem Seeweg in die Heimat zu schaffen.

Doch bevor das hochmoderne Beutegut seine Qualitäten unter Beweis stellen konnte, waren noch große Entfernungen zu überwinden. In der französischen Hafenstadt Cherbourg befand sich der zentrale Sammelpunkt für die zur Verschiffung nach den Vereinigten Staaten bestimmten Flugzeuge. Für den Weitertransport in die Vereinigten Staaten stand »Reaper« bereit. An dessen Deck versammelte sich in kurzer Folge die »Cream« des deutschen Flugzeugbaus. Es handelte sich hierbei um 40 deutsche Flugzeuge der unterschiedlichsten Kategorien. An Deck des Escort Carrier befanden sich 4 Ar 234 B, 10 Me 262, 1 Ju 88 G, 1 Ju 388, 3 He 219, 4 Fw 190 D, 5 Fw 190 F, 1 Ta 152 H, 3 Me 109, 2 Bücker 181, 1 Doblhoff WNF 342 und 2 Flettner Fl 282-Hubschrauber, 1 Me 108 sowie die beiden Do 335 (Reaper-No. 8 und 35). Hinzu kam noch eine Aufklärer-Mustang, welche bei der 9. Air Force entsprechend modifiziert wurde und in der Heimat wohl als Mustermaschine dienen sollte. Eine ganze Reihe weiterer Flugzeuge gelangte an Bord von Handelsschiffen in die USA. Darunter zahlreiche Me 163 und He 162 »Volksjäger«. Die legendäre Ju 290 »Alles Kaputt« wurde sogar auf dem Luftweg überführt. Zu all dem deutschen Beutegut gesellte sich noch so manches Flugzeug italienischer Herkunft und in weit größeren Stückzahlen erbeutetes Fluggerät aus dem Pazifikkrieg. Natürlich genügte es nicht, die Flugzeuge nur auf dem Deck festzuzurren. Sie waren zudem noch gegen die aggresive Wirkung des Salzwassers zu schützen. Dies geschah mittels eines »Kokons« aus »Eronel«. Dade Inc. entwickelte hierzu eine Kunststoffsubstanz, welche zeitsparend mit der Spritzpistole aufgetragen werden konnte. Die Masse ergab nach der Trocknung eine widerstandsfähige »Haut«, die das gesamte Flugzeug umschloß. Am Ziel angekommen, konnte der Kunststoffkokon problemlos abgezogen werden. Diese Verfahrensweise bewährte sich auch tausendfach während der alliierten Flugzeugtransporte zu den in fernen Gebieten liegenden Kriegsschauplätzen.

Kaum in den USA angekommen, wurde die kostbare Ladung deutschen Beuteguts zunächst zum Newark Army Air Field transportiert und dort dem US Material Command überstellt. Hier wurde der Kokon entfernt, die Flugzeuge montiert und anschließend erstmals in den USA nachgeflogen.

Wie erwähnt, befand sich auch eine Ju 388 unter dem ausgewählten Beutegut. Die Rede ist von der Ju 388 L-1, deren Lebenslauf Gegenstand des nachfolgenden Kapitelteils sein wird.

Die Geschichte der Ju 388 L-1, Werknummer 560049

Der Lebenslauf der WNr. 560049 begann bei Weserflug, genauer im Werk Liegnitz (Oberschlesien), wo das Flugzeug endmontiert wurde. Verschiedene Rumpfteile entstanden bei ATG sowie in den Hallen der Niedersächsischen Metallwerke Brinkmann & Mergel in Hamburg-Harburg. Bedauerlicherweise ist der definitive Zeitpunkt der Fertigstellung nicht feststellbar. Der Aufklärer mit der Werknummer 560049 zählte zu einer Ju 388-Version, welche in insgesamt in knapp 50 Exemplaren produziert wurde, jedoch nicht mehr an die Luftwaffe zur Auslieferung kam.

Die Ju 388 L-1 (WNr 560 049) in ihrer neuen Heimat Amerika, welche sie wohl nie mehr verlassen wird. Die deutschen Hoheitszeichen wurden nochmals von US-Personal angebracht. Sie entsprachen nicht der in Deutschland üblichen Ausführung.

Der neue Besitzer gab der Beutemaschine eine neue Identität – FE 4010 (Foreign Equipment).

Die 560 049 fristet seit Jahrzehnten in Silver Hill als weltweit noch einzige Ju 388 ein ziemlich tristes Dasein. Unzählige Fotos im Internet belegen dies.

Dieselne Maschine während eines »Open day«. Hier wurde der Amerikanischen Öffentlichkeit Gelegenheit gegeben ehemals feindliche Technik zu bestaunen.

Im Mai 1945 besetzten US-Truppen ATG in Merseburg, wo neben einer Vielzahl anderer Flugzeuge auch die 560049 erbeutet wurde. Die werksneue Maschine flog man in der Folge nach Kassel/Waldau, wo sie am 20. Mai 1945 die 10th Air Depot Group in Empfang nahm. Im Laufe der nächsten Wochen wurde das Flugzeug auf »Herz und Nieren« durchgeprüft. Aus gutem Grund, da man beabsichtigte, das Flugzeug zunächst nach Frankreich, genauer nach Cherbourg, zu überführen. Danach hatte die nagelneue »Ju« noch eine ziemlich ausgedehnte Reise in die »Neue Welt« vor sich. Bedauerlich, denn man hatte für sie nur ein One way ticket gelöst. Der Beginn der besagten Reise wurde für den 17. Juni angesetzt. An diesem Tag startete die schon zu dieser Zeit einer raren Art zugehörige Maschine mit dem Ziel eines in der Nähe von Cherbourg gelegenen Flugplatzes. Unter der bereits erwähnten »Passagierliste« war die Ju 388 zwar ein Unikat, doch nur ein Flugzeug unter vielen. Eingehüllt in eine seefeste Montur wurde die 560049 zunächst auf einen Lastkahn gehievt, wo die wertvolle Fracht unter Zuhilfenahme der Zugkraft von zwei Schleppern zur wartenden »Reaper« gezogen wurde. Anschließend am Haken eines Schwimmkrans hängend wurde die »Ju« an Bord gehievt und nach sanfter »Landung« an Deck des Trägers festgezurrt. Juli 1945 – die Reise in eine ungewisse Zukunft begann. Am anderen Ende des »Großen Teichs« angekommen, folgte sogleich die nächste Etappe. Der Weg führte nun zu einem Army Air Force-Flugplatz namens Freeman Field. Hier wurde die Beute-Ju zunächst erneut gründlich durchgecheckt. Für einsatzfähig befunden absolvierte die Maschine schon bald ihre ersten Testflüge im Dienste ihres neuen Herrn. Während eines Pressetermins, in dessen Rahmen Beuteflugzeuge vorgestellt wurden, folgten zudem einige Demonstrationsflüge der Ju 388 sowie einer Anzahl weiterer Beuteflugzeuge.

Am 30. September verließ die 560049 Freeman Field mit Ziel Wright Field, dem großen amerikanischen Testzentrum bezüglich weiterer Erprobungen. Etwa neun Monate später, im Juni des Folgejahres, erfolgte die Rückführung der Maschine nach Freeman Field. Die Versuchsreihen waren somit abgeschlossen. Nachdem man so einiges Wissen über diesen Flugzeugtyp angehäuft hatte, welches sich im Technical Report F-TR-1138-ND niederschlug, schwand im Oktober 1946 auch das Interesse an diesem Flugzeug. So manches Beuteflugzeug, darunter auch eine Do 335, die der US Army Air Force zugeteilt wurde, fiel schon bald dem Schrotthändler anheim. Welch seltene Exponate hätte man hier retten und der Nachwelt erhalten können. Nur die wenigsten der damals Verantwortlichen hatten den Weitblick oder den Willen, etwas in dieser Richtung in die Wege zu leiten. Zu diesem Zeitpunkt hatte man wohl auch andere Sorgen, als Feindflugzeugen das »Gnadenbrot« zu gewähren. Die USAAF sowie die US Navy befanden sich zu dieser Zeit in einer Phase der Umstrukturierung. So ist es zwar sehr bedauernswert, jedoch kaum verwunderlich, daß hier die Prioritäten anders lagen.

Auch unsere Ju 388 war für den Flugzeugfriedhof schon vorgemerkt. Zuerst hatte man eine Verlegung zum Boneyard Davis Monthan ins Auge gefaßt. Doch ihr Weg führte sie am 26. September 1946 nach Park Ridge im Bundesstaat Illinois. Glücklicherweise bekundete das National Air and Space Museum Interesse an dieser Maschine. Wie im Fall anderer Beuteflugzeuge führte der vorlaufig letzte Weg das Flugzeug nach Silver Hill, in das Depot von der Smithsonian Institution im Bundesstaat Maryland. Hier vegetiert das gute

Stück in hochkarätiger, jedoch genauso ramponierter Gesellschaft seit über fünf Jahrzehnten vor sich hin. Doch zumindest ist dieses und andere sonst unwiederbringlich verlorengegangene Flugzeug der Nachwelt erhalten geblieben und mutierte glücklicherweise nicht zur Bratpfanne oder zu sonstigen nützlichen Gegenständen für die amerikanische Hausfrau.
Der sprichwörtliche »Silberstreif am Horizont« ist das im Bau befindliche Dulles Center, welches wohl die meisten Veteranen von Silver Hill aufnehmen wird. Doch vorher steht der Schweiß. Alle dort lagernden Exponate sind vor ihrer Premiere in den neu erbauten Museumshallen einer mehr oder minder umfangreichen Restaurierung zu unterziehen. Die Bezeichnung liegt hier wohl auf »mehr«, man erinnere sich an die gute alte Do 335, welche die Jahre in Silver Hill alles andere als schadlos überstanden hatte. Auch im Fall der Ju 388 wird so mancher Restaurateur intensiv Hand anlegen müssen, um sie wieder in ein ansehnliches Exponat zu verwandeln. Was spräche dagegen, wenn man wie im Fall des letzten verbliebenen »Ameisenbären« (Do 335) verfahren würde. Allerdings wäre hier die Initiative von einschlägigen Persönlichkeiten und Institutionen hier in Deutschland vonnöten. Ob hier tatsächlich Interesse besteht, ist jedoch wieder einmal fraglich. Der Gedanke, dieses faszinierende Flugzeug, zumindest als Leihgabe in ihrem Erzeugerland auszustellen, ist zweifellos für viele von uns äußerst verlockend.

Die Erprobung in Großbritannien

Auch die Briten versuchten in Konkurrenz zu anderen Verbündeten ein möglichst großes Stück des Beute-Kuchens zu erhalten. Die Briten fanden in dem Gebiet, welches seit der Invasion von ihnen besetzt wurde, nicht weniger als 4810 Motorflugzeuge sowie 291 Gleiter vor. Die weit überwiegende Zahl derer wurde im Zuge des »Disarming Plan« zerstört und somit einer weiteren Nutzung entzogen. Auch hier rückten unmittelbar hinter der kämpfenden Truppe Spezialeinheiten vor, welche versuchten hochwertige Technik, Unterlagen sowie an deren Entstehung beteiligte Personen habhaft zu werden. Schließlich ging es hier darum, einen möglichst großen technischen Vorsprung gegenüber anderen Staaten zu sichern, insbesondere im Hinblick auf die bröckelnde Koalition in Richtung Osten. Zudem war auch der finanzielle Aspekt äußerst interessant. Tonnenweise Konstruktionsunterlagen, Berechnungen und anderes Material wechselten den Besitzer. Patentrechte waren nicht mehr das Papier wert, auf dem sie schriftlich festgehalten wurden. Auch das war eine Form von Reparationszahlungen, welche mit der Demontage ganzer Werke einher ging. Technische Innovationen, wie sie zu Hauf vorgefunden wurden, verschlangen bereits damals Unsummen, einerseits diese zu erarbeiten und anderseits sie in der Praxis umzusetzen. Die Verfahrensweise sicherte den Alliierten Milliardenwerte und ersparte vor allen Dingen kostbare Zeit bezüglich der Entwicklung hochwertiger Waffentechnik, da hier sehr viele der in Deutschland gewonnenen Erkenntnisse auch unter der Mithilfe zahlreicher Deutscher Techniker schnell umgesetzt werden konnte.
So verwundert es kaum, dass auch in Großbritannien ein Sammelsurium von Beutewaffen einer intensiven Erprobung unterzogen wurde. Neben den obligatorischen Me 109 und Fw 190 versammelten sich auch hier die »Stars« des damaligen deutschen Flugzeugbaus, namens Me 262, Ar 234, Do 335 und Ju 388.
Im Fall des letztgenannten Flugzeugtyps handelte es sich um die Ju 388 L-1, Werknummer 500006. Dieses Flugzeug, bezeichnet als Ju 388 V6, befand sich zum Zeitpunkt der Einnahme der Erprobungsstelle Tarnewitz durch US-Truppen am Platz. Im Juni besetzten britische Einheiten die E-Stelle. Was man deutscherseits nicht schon vorher ausgelagert, im Meer versenkt oder aber von den Amerikanern nicht requiriert wurde, stand nun britischen Auswertungs- und Erprobungsstellen zur Verfügung. Die erbeutete Ju 388 L-1 (V6) erhielt nun eine neue Identität. Bezeichnet als AIR MIN 83 (AM 83) wurde das Flugzeug in den britischen Erprobungs-Flugpark eingegliedert. Diese Kennung des Air Ministry wurde sozusagen »freihand« beidseitig am Heck der Junkers aufgepinselt. Zudem wurden auch die Hoheitszeichen übertüncht. Die Balken- und Hakenkreuze wichen nun akurat angebrachten britischen Kokarden. Nachdem sich aber ab dem kommenden Monat Tarnewitz im Besatzungsbereich der Sowjets befinden sollte, wurde das meiste, was von Bedeutung war, noch im Juni evakuiert. Die Ju 388 sollte nach Lübeck überführt werden. Doch hierfür bedurfte es eines geeigneten Piloten. Dieser wurde in Form von Herrman Gatzemaier, den man kurzerhand aus dem Gefangenenlager, Nähe Grevesmühlen geholt hatte und nach Tarnewitz beförderte, gefunden. Für den Überführungsflug war es weder Pilot Gatzemaier noch seinem Bordmechaniker erlaubt einen Fallschirm mitzuführen. Die Flughöhe und Geschwindigkeit wurden klar definiert. Einem etwaigen Fluchtversuch wären die begleitenden Spitfire entschieden entgegen getreten. Laut den Angaben von Butler »War Prizes« erfolgte die Überführung bereits im Mai 1945. Definitiv ist dies jedoch im Juni geschehen. Die nächste Etappe, ein Überführungsflug von Schleswig nach Matching, erfolgte am 22. August 1945. In Farnborough traf die Maschine am 1. September 1945 ein. Hier bildete die interessante Junkers einen Teil der German Aircraft Exhibition, welche in Farnborough nicht nur der Fachwelt die technischen Möglichkeiten des Besiegten näher brachte. Die anschließende Flugerprobung wurde durch Sqdn. Leader Mc Carty durchgeführt. Das Flugzeug verblieb bis April 1946 am Ort. Die letzte Station der Ju 388 stellte das College of Aeronautics in Cranfield (1948) dar. Etwas später blieb auch diesem Flugzeug der Schmelzofen nicht erspart. Lediglich einige Komponenten des Hydraulik-Systems überlebten als Demonstrationsobjekt für eine ganze Reihe von Jahren.

Die Ju 388 V6 schmückten britische Hoheitszeichen. Die Kennung PE-IF ihres früheren Eigners wurde hingegen nicht übertüncht. Das Flugzeug wurde verschrottet.

Die Ju 388 in der Sowjetunion

Wie im Fall der westlichen Siegerstaaten fiel auch den Sowjets eine große Anzahl an intakten oder nur leicht beschädigten Flugzeuge der Luftwaffe in die Hände. Beispielsweise fanden sowjetische Truppen auf einem österreichischen Flugplatz etwa 300 (!) neue Fw 190 und Me 109 vor. Mit Fw 190 D, welche in Ostpreußen erbeutet wurden, rüstete man zwei Jägerregimenter der baltischen Flotte aus. Neben profanen He 111, Ju 88, Ju 52 oder Me 109 und Me 110 stießen die Sowjets auch auf Flugzeuge der High-Tech-Klasse. Der rote Stern zierte nun auch so manche Me 262, Me 163, Ar 234 oder den kuriosen »Volksjäger« He 162. Es soll sich sogar eine Do 335 unter den Beutestücken befunden haben. Leider werden hier die Angaben der einschlägigen Literatur nicht konkreter. Definitiv belegbar ist hingegen die Nutzung der Ju 388 in sowjetischen Diensten. Frederik Geust zeigt in seinem Buch »Under the red star« ein Foto von bedauerlicherweise sehr schlechter Qualität, welches eine Identifikation nicht ermöglicht. Sie trägt, als einzigen Hinweis erkennbar, den Sowjetstern. Das Flugzeug wurde in den Jahren 1948-51 als Schleppmaschine für das DFS 346-Programm genutzt. Insgesamt 24 solcher Flüge wurden mit der Ju 388 durchgeführt. Spätere Tests führte man hingegen mit einer B-29 (42-6358) durch. Viele werden sich nun die Frage stellen, wie kamen die Russen an eine B-29? Die Frage ist dahingehend zu beantworten, daß ein paar dieser US-Bomber nach einem Angriff auf Japan in Sibirien notlanden mußten, nicht retourniert wurden und so einem neuen Herrn dienten. Später entstand aus der B-29 die »Raubkopie« Tu-4. Die Amerikaner, aber auch die Briten wußten wohl, warum sie den Sowjets ihre strategischen Bomber im Rahmen des Pacht- und Leihabkommens vorenthielten. Die kommende »Eiszeit« zwischen den sich schon bald formierenden Machtblöcken war schon zu Kriegszeiten absehbar.

Doch nun wieder zurück zur identitätslosen Ju 388. Im Jahr 1950 erfolgten weitere Versuche, insgesamt zwölf, wobei die Ju 388 als zugeteilt wurde. Weitere zwei Flüge führte man mit der B-29 durch. Horst Lommel ordnet in seinem Buch »Vom Höhenaufklärer zum Raumgleiter« die Ju 388 im Rahmen der Schleppflüge erst dem Jahre 1950 zu. Vorher sollen entsprechende Flüge (Tests mit Rettungsmodul der DFS 346) mit B-25, einem mittleren US-Bombertyp, welcher noch aus dem Pacht- und Leihabkommen stammte, durchgeführt worden sein.

Im Werk von Alexandrov und Petrov »Die deutschen Flugzeuge in russischen und sowjetischen Diensten«, Band 2, wird eine Ju 388 auf mehreren Seiten mit äußerst interessantem Fotomaterial vorgestellt. Sie zählte zur Version L-1. Hierbei handelte es sich zweifellos um ein anderes Exemplar, als das im DFS 346-Programm eingesetzte Flugzeug. Es ist höchstwahrscheinlich jenes Flugzeug, welches in den Jahren 1945/46 neben der He 162, Me 163, Me 262, Ar und 234 von sowjetischen Testpiloten eingehend getestet wurde. Weder von der erstgenannten Ju 388, noch im Fall der anderen Maschine ist derzeit die Zuordnung einer Werknummer oder des Stammkennzeichens möglich. Zudem ist auch die Zahl der von den Sowjets erbeuteten Ju 388 nicht feststellbar. Hier wäre auch die Leserschaft gefordert, sozusagen »Licht ins Dunkel« zu bringen. Alle bisherigen zur Verfügung stehenden Informationen zu diesem Thema sind als sehr vage einzustufen.

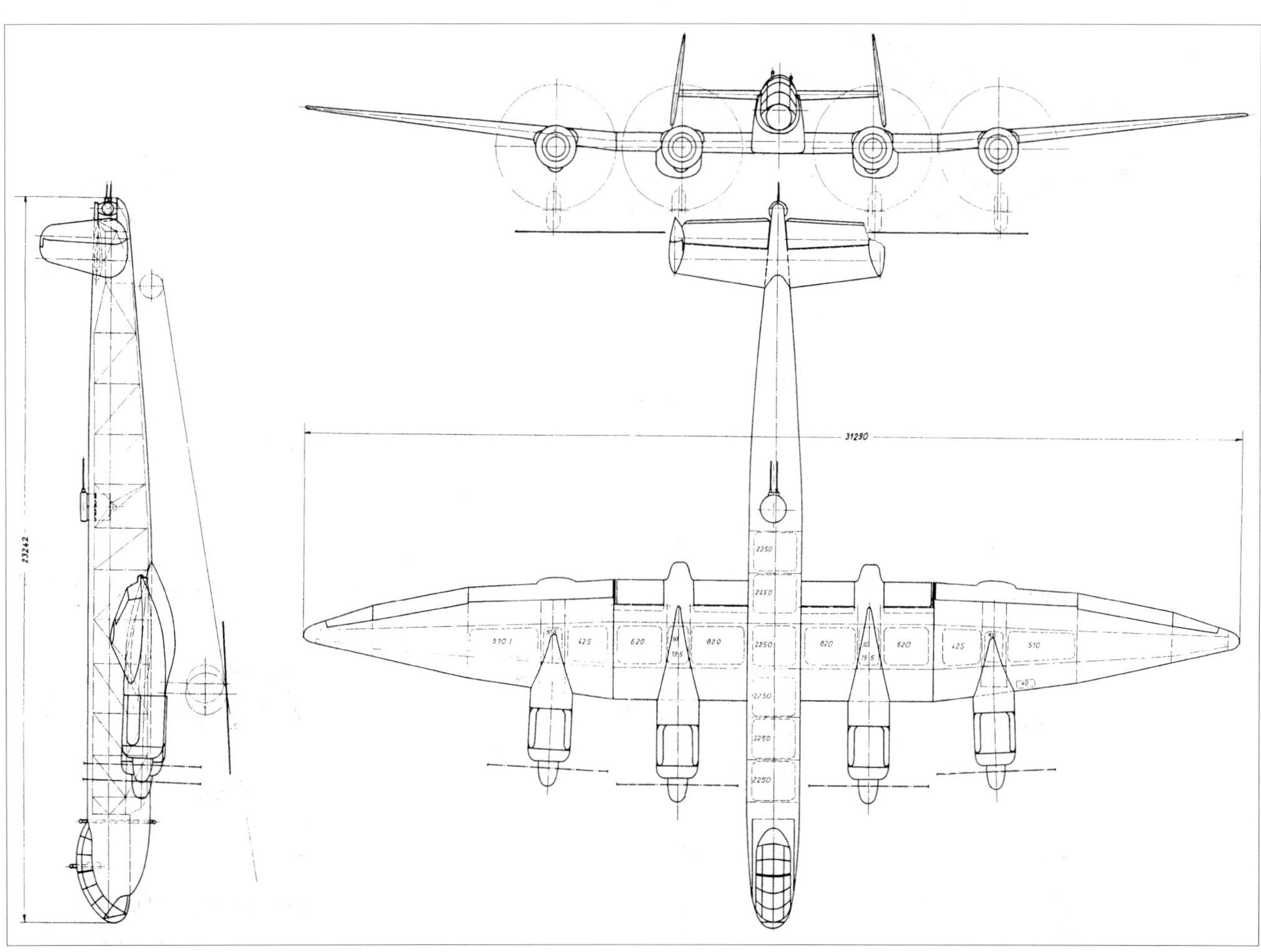

Ein Dreiseitenriss der Ju 488 V403 mit Bemaßung und Lage der Betriebsstofftanks.

Der Langstreckenbomber und Fernaufklärer Ju 488

Das Baukastenprinzip – Ein Konzept zur schnellen Verwirklichung

Zu diesen »Baukastenflugzeugen« zählte auch die Ju 488, welche aus Komponenten der Ju 88, -188, -288 und -388 bestand. Wie schon bei anderen Flugzeugtypen, beispielsweise der doppelrümpfigen He 111 Z, welche durch das Zusammenfügen zweier He 111 H, die zumindest als Schleppflugzeug realisiert wurde und auch als Doppelrumpf-Bomber-Projekt in Planung war, ist eines der markantesten Beispiele das auch tatsächlich verwirklicht wurde. Projekte in dieser Baukasten-Basis gab es viele. Herausragend in seiner Absurdität ist ein »Fabelwesen« namens Ju 290 Z, das aus zwei per Flächenmittelstück zusammengefügten Ju 290 entstehen sollte. Auf dem Weg zur Ju 390 gediehen solche seltsame Blüten. Realistischer hingegen war hier Messerschmitts »Baukastenflugzeug«, das Projekt P.1090. Das Flugzeug, etwa der Abmessung der Me 410 entsprechend, sollte nahezu jeder Einsatzart gerecht werden und somit einen wesentlichen Beitrag zur Typenbereinigung in den Reihen der Luftwaffe leisten. Das nur auf dem Zeichenbrett existierende Projekt sollte durch den jeweiligen Austausch einzelner Baugruppen, wie Cockpit, Rumpfmittelteil, Tragflächen, den jeweiligen Erfordernissen angepaßt werden. Ob sich diese Konstruktionsphilosophie in der Praxis tatsächlich bewährt hätte, dies bleibt bedauerlicherweise unbeantwortet. Genügend andere Beispiele aus deutschen Konstruktionsbüros könnten an dieser Stelle noch erwähnt werden. Auf der anderen Seite des großen Teichs beschäftigte man sich ebenfalls mit diesem Prinzip. North American entwickelte aus der P-51 H, der »Lightweight«-Mustang, die doppelrümpfige P-/F-82 »Twin Mustang«, welche jedoch im Zweiten Weltkrieg nicht mehr zum Einsatz kam. Ein hundertprozentiges Baukastenflugzeug entwickelte hingegen der US-Hersteller Fisher. Auch hier handelte es sich um den Jägerentwurf XP-75, welcher aus Komponenten der Mustang, Corsair, Warhawk und Dauntless entstand. Zum Zeitpunkt der Einstellung von dessen Fertigung, im Oktober 1944, waren erst sechs Serienmaschinen ausgeliefert worden.

Entwicklung, Bau und Schicksal der Ju 488-Prototypen

Kehren wir zurück zur deutschen Luftfahrtindustrie, genauer zu Junkers. Die He 177 avancierte mittlerweile durch permanente technische Schwierigkeiten, die zudem mit zahlreichen Unfällen einhergingen, zur schier »unendlichen Geschichte«. Seine tatsächliche Frontreife hatte der Bomber noch immer nicht in befriedigender Weise unter Beweis stellen können. Die Zeit verrann und die Kriegsgeschehnisse gestalteten sich für Deutschland zunehmend katastrophaler. So war die Herstellzeit der ausschlaggebende Faktor, um ein neues, greifendes Waffensystem den Verbänden zuführen. Folgerichtig kam der Gedanke, aus bereits Bewährtem Neues zu schaffen. Ende 1943 entstand so aus der Ju 388 sowie Komponenten der Ju 88, -188 und -288 in relativ kurzer Zeitspanne die Ju 488. Zwei unterschiedliche Konfigurationen waren vorgesehen: Zum Einen der Langstreckenbomber, zum Anderen eine Fernaufklärer-Variante. Ernst Zindel zeichnete auch für diesen Entwurf verantwortlich. Die Kapazitäten in Dessau waren durch andere Bauprogramme stark ausgelastet. So beschloß man, Latecoere in Toulouse in das Projekt einzubinden. Der französische Hersteller hatte fortan die Aufgabe, die Konstruktion sowie den Bau des Rumpfes und des Mittelstücks zu übernehmen. Unterstützung erhielt Latecoere durch die Lieferung von Außenflächen (Junkers Bernburg). Den Leitwerksbereich fertigte Dessau. Latecoere konzentrierte sich nun auf den Bau der ersten beiden Prototypen, deren Rümpfe unter der Bezeichnung Ju 488 V401 und V402 Gestalt annahmen. Nach deren Fertigstellung sollten Rümpfe und die ebenfalls am Ort gefertigten Flächenmittelstücke per Bahntransport nach Bernburg verfrachtet werden. Den Plänen zu Folge wollte man dort die beiden V-Muster endmontieren. Die Frage stellt sich nun, warum wurden Außenflächen nach Toulouse geliefert? Es ist anzunehmen, daß hier bereits vor Ort die gegenseitige Passgenauigkeit der Baugruppen geprüft werden sollte.
Doch wie so oft gestalteten sich die Geschehnisse gänzlich anders als geplant. Etwa einen Monat nach der alliierten Invasion wurden die »Marquis« (so wurden die französischen Widerstandskämpfer genannt) in Toulouse aktiv. So geschehen in der Nacht vom 16./17. Juli 1944. Ein französischer Sabotagetrupp unter dem Kommando von M. Ellissalde drang in das Werk ein und verübte dort einen Sprengstoffanschlag. Im Zuge dieser Aktion wurden die Ju 488-Baugruppen schwerstens beschädigt und waren somit für die vorgesehene Verwendung unbrauchbar. Dem unter immensem Zeitdruck stehenden Ju 488-Programm wurde mittels dieser Partisanenaktion ein jäher Rückschlag versetzt, von dem es sich auch nicht wieder erholen sollte.
Doch vor diesen Ereignissen hatte das RLM bereits den Bau von vier weiteren V-Mustern beschlossen. Diese vier Prototypen hätten unter der Bezeichnung Ju 488 V403-V406 die Erprobung aufnehmen sollen. Anders als im Fall der V401/-402 bildete hier nicht der BMW 801, sondern der ungleich kraftvollere JUMO 222 in den Ausführungen A/B und E/F die Antriebskomponente. Durch den schnellen Vormarsch der Alliierten war an eine weitere Mitarbeit von Latecoere nicht mehr zu denken. Schon nach wenigen Monaten waren die deutschen Truppen zurückgedrängt, und der Kampf innerhalb der Reichsgrenzen hatte begonnen. Angesichts dieser Situation noch an einem Fernbomber zu arbeiten, bedurfte schon einer nicht unbeträchtlichen Portion realitätsfremdem Optimismus. Oder war die Triebfeder pure Verzweiflung?
In Konsequenz dieser Ereignisse liefen alle Arbeiten an diesem Projekt in heimischen Gefilden. Die vier Prototypen sollten die Basis für die erste Serienversion Ju 488 A bilden. Doch auch hier kam das Ende vergleichsweise abrupt. Zwar trug hier kein Sabotagetrupp die Schuld, sondern dies war auf die längst überfällige Entscheidung des RLM zurückzuführen, solchen material- und arbeitskräfteintensiven Programmen ein Ende zu bereiten. Zur Formulierung »längst überfällige Entscheidung«: Angesichts der militärischen Lage benötigte die Luftwaffe alles andere als einen strategischen Bomber, welcher Vergeltung an britischen, sowjetischen oder gar amerikanischen Städten hätte üben können. Solches Treiben hätte nur bei einem Einsatz von atomaren Waffen Sinn gemacht. Doch diese standen gemäß den Recherchen renommierter Historiker und Aussagen entspre-

chender Wissenschaftler nicht zur Verfügung. In diesem Zusammenhang sei die Veröffentlichung »Hitlers Siegeswaffen« von Friedrich Georg erwähnt, welcher in langjähriger Arbeit sich diesem brisanten Thema annahm. Zweifellos hat der Autor hier intensiv recherchiert. In diesem Buch wird nun vieles in Frage gestellt, was zum Thema »Deutsche A-Waffen« bisher publiziert wurde. Zugegeben, diese Ausführungen lesen sich zwar oft wie »Sience Fiction«, auch sind keine greifbaren Beweise zur finden, doch wo sollte man auch definitive Beweise finden, wenn möglicherweise in den Archiven entsprechende Dokumente noch für Jahrzehnte gesperrt sind. Falls diese tatsächlich existieren sollten, stünden für manche bisher – die Luftwaffe betreffende – unverständliche Entscheidungen plausible Erklärungen zur Verfügung. Erinnert man sich an den neuen Stand der Forschung, beispielsweise Pearl Harbor oder den Krieg gegen die Sowjetunion, welcher auch erst durch die Verfügbarkeit neuer Dokumente möglich wurde, könnte auch hier ein neues Bild entstehen. Doch Beweise bleibt uns die Geschichte bisher schuldig.
Mit A-Waffen bestückte einzelne Flugzeuge, man denke an Hiroshima oder Nagasaki, waren in der Lage, die Wirkung einer ganzen Bomberarmada zu erzielen. So hätte auch die Einsatzwirkung eines deutschen Bombers ausgesehen, falls er angesichts der Übermacht auch tatsächlich zum Ziel vordringen hätte können. Glücklicherweise konnte dies in der Praxis nicht bewiesen werden. Forschungen in diese Richtung wurden definitiv betrieben.
Für den erfolgreichen koventionellen Einsatz deutscher Großbomber wäre eine große Bomberflotte vonnöten gewesen. Angesichts der mittlerweile immer mehr begrenzten Resourcen wie Rohstoffe, Arbeitskräfte aber auch in vermehrtem Maße das immer kostbarer werdende Flugbenzin waren für solche Pläne bar aller Realität. Außerdem hätten solche Bomberverbände intakte Flugplätze und eine reibungslos funktionierende Logistik für einen erfolgreichen Einsatz benötigt. Beides in diesem Kriegsstadium unmöglich zu erfüllende Kriterien. Daher war die Weisung des RLM, das Ju 488-Programm im November 1944 zu eliminieren, die einzig richtige. Somit waren alle weiteren Pläne, die Ju 488 A-Serie Mitte des Jahres 1945 anlaufen zu lassen, schon aufgrund der deutschen Kapitulation nur noch Makulatur.
Die bereits investierte Entwicklungsarbeit wäre, zumindest gemäß den Plänen, einer andere Nation zugute gekommen. Wie in verschiedenen anderen Bereichen bekundete Japan sein Interesse an der Ju 488. Am 28. Februar 1945 wurde die entsprechende Freigabe für Konstruktionszeichnungen sowie Produktionsanlagen der Ju 488 für Japan offiziell.
Befassen wir uns nun mit der Technik der Ju 488, die in der nachstehenden Junkers-Werksschrift nur sehr allgemein gehalten dargestellt wurde.

Die JFM-Baubeschreibung des Musters Ju 488

1. Allgemeines

Der viermotorige Tiefdecker Ju 488 ist eine Weiterentwicklung der Ju 388, von der die Führerraumkanzel und Tragfläche übernommen werden. Die Entwicklung strebte dahin, ein Flugzeug zu schaffen, das nicht nur der Besatzung ein ungehindertes Arbeiten in größten Höhen ermöglicht, sondern das diese Höhen trotz des größeren Fluggewichtes auch schnell erreicht.

Die größere Tragfähigkeit verschafft der Maschine einen sehr großen Aktionsradius und durch die Anordnung der vier Motoren die größtmögliche Sicherheit. Dies alles stempelt die Maschine zu einem idealen Fernerkunder bzw. Fernbomber.

Hauptdaten
Beanspruchunggruppe H, Verwendungsgruppe 3*
Besatzung 3 Mann
Tragfläche 88 m^2, Spannweite 31 m
Abfluggewicht 29 000 kg
Landegewicht 25 000 kg

2. Flugwerk

Rumpf
Die Kanzel mit dem Besatzungsraum wird mit seinen Einbauten von der Ju 388 übernommen. Die Bediengestänge und Triebwerksüberwachungsgeräte werden entsprechend den vier Triebwerken verdoppelt. Außerdem wird ein Periskop für den Beobachter eingebaut. Der Rumpf ist ein bis zum Heck durchgehendes Tragegerüst aus Stahlrohr. Sechs Felder davon sind mit gleich großen Kraftstoffbehältern ausgefüllt. Daran anschließend sind der B-Stand, das Schlauchboot und zwei Reihenbildner eingebaut. In dem folgenden Feld Heckstandmunition und FT-Tafel. Hinter Leitwerk und Sporn der Heckstand. Der vordere kraftstofftragende Teil ist mit Blech beplankt, der hintere Teil ist mit Holzgerüst und Stoff verkleidet.

Fahrwerk
Das Fahrwerk besteht aus einem Vierbein-Fahrwerk mit Heckrad und Sporn. Die äußeren Fahrgestelle mit 1220er-Rädern, die inneren mit 1320er-Rädern. Der Sporn erhält ein 780er-Rad (1220 x 445, 1320 x 480, 780 x 260, Anm. d. Verf.).

Tragwerk
Freitragendes Tragwerk. Die Außenflügel, der Ju 388 entnommen, erhalten ein neues Tragflächenmittelstück von 10,7 m Spannweite. Das Tragflächenmittelstück wird aus Dural mit an der Haut (Beplankung) liegenden Gurten gebaut und hat einen rechteckigen Grundriß und zum Rumpf zunehmende Dicke. Das Tragflächenmittelstück bekommt zwischen Träger 1 und 2 auf der Oberseite drei Einbaudeckel für zwei Kraftstoffsackbehälter und einen Schmierstoffbehälter.

Leitwerk
Freitragendes Höhenleitwerk und geteiltes Seitenleitwerk mit an den Seitenflossen ausfahrbaren Umkehrflügel. Das Flügelleitwerk der Ju 388-Fläche wird unverändert übernommen.

Steuerung
Höhen- und Quersteuerung erfolgt durch die in der Mitte des Führerraumes angeordnete Steuersäule. Die Seitensteuerung erfolgt durch ein verstellbares Fußpedalpaar. Die in Seiten-, Quer- und Höhenruder eingebauten Hilfsruder für Trimmung sind durch Handrädchen zu verstellen.

3. Triebwerksanlage

Zum Einbau vorgesehen ist das Triebwerk 9-8222 E. Der hierin eingebaute Motor JUMO 222 E ist ein wasssergekühlter 24-Zylinder – Höhenmotor mit automatischem Zweiganggetriebe.

Startleistung 2500 PS
Steig- und Kampfleistung 2180 PS
Volldruckhöhe 11,5 km

Luftschrauben
Vierflügelige Jumo VS 19 Verstell-Luftschrauben mit Automatik (4 m Durchm.)

Kraftstoffanlage
Die Kraftstoffanlage umfasst 14 Behälter, davon acht im Tragwerk und sechs im Rumpf. Die TM-Behälter als Sackbehälter, der äußere geschützt, der innere ungeschützt. Von den in gleicher Form gehalteten Rumpfbehältern bleiben drei ohne Schutzüberzug. Der innere Tf-Behälter und der äußere TM-Behälter dienen als Entnahmebehälter. Die ungeschützten Behälter, die im Rumpf zwischen, vor und hinter den Flügelträgern liegen, erhalten einen Schnellablaß.

Schmierstoffanlage
Die vier Motoren besitzen getrennte Schmierstoffanlagen. In jedem Flügel ist je Motor zwischen den Motorquerverbänden ein Schmierstoffentnahmebehälter angebracht. Dazu drei Zusatzbehälter in den Tragflächen.

4. Ausrüstung

Die Abwehrbewaffnung besteht aus einer im B-Stand eingebauten Bewaffnung und dem Zwillingsheckstand mit FDL-B151 Z.

Bildgeräte
Es gelangt zum Einbau 2 x Rb 50/30.

Panzerung
Einheitssitz mit Rücken- und Kopfpanzerung des Flugzeugführers, Rückenpanzerung des Beobachters, Panzerscheibe im hinteren Dach und Panzerung des oberen Teiles der Abschlußwand des Besatzungsraumes.

FT-Anlage
Kurz-Langwellenstation FuG 10 mit Peil G6
Peilgerät FuG 25a
Elektrischer Höhenmesser FuG 101a
Blindlandestation Fu Bl 2 F
Bord zu Bord-Verständigungsgerät FuG 16Z (Y)
Warngerät FuG 217

Sicherheitseinrichtungen
Die Sauerstoffanlage, die bisher zwölf Flaschen in der rechten Fläche vorsah, wird um 15 Flaschen erweitert, die im gleichen Feld der anderen Tragflächenseite eingebaut werden.
Flügelenteisung durch Warmluft vom Triebwerk. Das Flügelmittelstück wird nicht enteist.

Weitere Anmerkungen zur Technik der Ju 488

Die Junkers-Beschreibung dieses Flugzeugtyps gibt nur einen sehr allgemeinen Überblick bezüglich der Technik dieses Musters. Eine Ergänzung mit tiefergehenden Informationen scheint daher sinnvoll. Wie eingangs erwähnt, handelte es sich bei der Ju 488 um ein »Baukastenflugzeug«, welches sich aus folgenden Komponenten der Ju 88, -188, -288 und -388 zusammensetzte:

- Vorderes Rumpfteil – Druckdichte Höhenkammer der Ju388 K.
- Leitwerksbereich – Von der Ju 288 C übernommen.
- Tragwerk – Zwei Ju 388 K-Außenflächen fanden Verwendung.
- Fahrwerk – Alle vier Komponenten der Ju 188/-388.*
- Bombenwanne – Die aus Holzwerkstoff gefertigte Rumpf-Bombenwanne stammte von der Ju 388 K.

*Andere Quellen nennen hier die Verwendung von Komponenten der Ju 188 E.

Neu zu konstruieren war hingegen das Flächenmittelstück sowie verschiedene Rumpfbaugruppen, welche in Stahlrohr, Alu, Holzwerkstoff und Stoffbespannung entstanden. Der Rumpfbereich gestaltete sich bis zum Heckbereich aus einem Stahlrohr-Tragegerüst, welches bis kurz vor dem B-Stand mit Dural beplankt wurde. Hinter dieser Haupt-Trennstelle fand hingegen die altbewährte und mittlerweile etwas antiquierte Stoffbespannung Verwendung. Dies um »strategische Werkstoffe« einzusparen. Die Rumpfform der V401 und V402 unterschied sich gravierend von den nachfolgend geplanten Prototypen. Die Rumpfhöhe und -Breite wurde im Zuge der gesamten Rumpflänge erhöht. Die hölzerne Bombenwanne sollte ab der V403 entfallen.
Auch antriebsseitig waren Änderungen zu verzeichnen. Im Fall der ersten beiden Versuchsmuster fixierte man den BMW 801 TJ. Alle nachfolgenden Maschinen sollten über den ungleich leistungsfähigeren JUMO 222 A/B sowie -E/F erhalten. Kraftvolle Junkers-Motoren, die aus vielerlei Gründen nie Serienreife erlangen sollten und so manches ansonsten erfolgversprechende Projekt von vorneherein zum Scheitern verurteilten, da auch keine anderweitigen Motoren mit equivalenter Leistung vorhanden waren. Die Ausnahme bildeten hier die sogenannten »Doppelmotoren«. Der Leistungsunterschied zwischen BMW 801 TJ (1810 PS) zu 2500 PS im Fall des JUMO 222A/B lag annähernd bei 700 PS. Bei einem viermotorigen Flugzeug addierte sich dies zu einem Wert von 2760 PS Leistungsdifferenz zu ungunsten des BMW 801 TJ.
Die anfänglichen Gewichtsberechnungen mit lediglich 23 Tonnen waren schon bald überholt. Folgeberechnungen ergaben zunächst einen Wert von 33,7 t, welcher später in stolzen 36 Tonnen Startmasse gipfelte. Diese Gewichtsklasse bezieht sich auf die V403-V406 sowie die Ju 488 A. Um adäquate Leistungen zu erzielen, waren somit Triebwerke der Klasse JUMO 222 unverzichtbar. Die Motorenenergie sollte auf vierblättrige Junkers VS 19-Luftschrauben mit vier Meter Durchmesser übertragen werden.
Die Betriebsstoffkapazität wurde in insgesamt 14 Sacktanks mitgeführt. Eine Werkszeichnung, welche sich auf die Ju 488 V403 bezieht, weist folgende Treibstoffmengen aus:

- Rumpfbehälter – 6 x 2250 l = 13500 l
- Behälter (Mittelstück) – 2 x 820 l = 1640 l
- Behälter (Mittelstück) – 2 x 620 l = 1440 l
- Behälter (Außenflächen) – 2 x 425 l = 850 l
- Behälter (Außenflächen – 2 x 510 l = 1020 l

Summa Summarum ergibt dies einen Wert von 18 450 l Kraftstoff B4. Vier weitere Ju 488-Konfigurationen mit Gesamt-Treibstoffmengen vom 17 550 l, 15 500 l, 12 000 l und 10 400 l sind in der Tabelle »Technische Daten im Detail« erfaßt.
Die Schmierstoffanlage beinhaltete im Fall der Fernaufklärer 700 bzw. 600 kg. Bei Bomberausführungen waren 500 kg, respektive 400 kg angegeben. Die Plazierung der Tanks erfolgte zwischen den Motor-Querverbänden sowie drei Tanks in den Tragflächen.
Die Zeichnung vom 9. April 1944 (V403) weist Schmierstofftanks mit unterschiedlichem Volumen aus:

- Mittelstück – jeweils 195 l
- Außentriebwerke – jeweils 105 l
- Zusätzliche Behälter 2 x 50 l, 1 x 40 l

Im Gesamten ergibt dies eine Schmierstoffmenge von 740 l.

Das neu konstruierte Flächenmittelstück verfügte über einen rechteckigen Grundriß mit einem Spannweitenmaß von 10,70 m. Das tragende Gerüst der gänzlich aus Dural erstellten Konstruktion bildeten zwei Holme. Die Profildicke desselben nahm nach außen hin ab. Das Mittelstück nahm jeweils vier Treibstoff- und Schmierstofftanks auf. Zudem war es auch Montageort der inneren Triebwerksgondeln sowie der vier Landeklappen. Die äußeren Flächenpaare stammten, wie erwähnt, von der Ju 388.
Die gewaltige Ju 488 stand auf vier Hauptfahrwerksbeinen, welche jeweils auf hydraulischem Wege, in rückwärtiger Richtung und um 90° gedreht, in die Schächte eingefahren wurden. Die inneren und äußeren Fahrwerkskomponenten waren mit Laufrädern (1) von unterschiedlichen Abmessungen ausgestattet. Die Innenfahrwerke verfügten über Laufräder der Abmessung 1320 x 480, welche für eine Radlast von 9 t ausgelegt waren. Räder dieses Typs waren auch Bestandteil der Fahrwerke von Fw 191, He 343, Hs 130, Ju 90, Ju 290 und Ju 353. Der äußere Part wurde mit Rädern der Größe 1220 x 445 bestückt. Hier betrug die zulässige Rolllast 7,5 t. Entsprechende Radgrößen fand man auch bei He 177 und He 343. Das Spornrad (780 x 260) trug eine ruhende Radlast von bis zu 3,1 t. Es kam bei Fw 191 und He 177 zum Einbau.
Soweit noch einige ergänzende Anmerkungen zur Junkers-Beschreibung. Weitere Details findet der Leser in der Tabelle.

Technische Daten der Ju 488

Die Tabelle mit technischen Daten beinhaltet Informationen zu vier Ausführungen der Ju 488. Zu Grunde liegen die Jumo 222-Versionen A, -B, -E und -F. (Siehe Umschlagseite 3)

Zu spät – Die Produktion des Musters Ju 488

Da es bei der Ju 488 um ein sogenanntes »Baukastenflugzeug« handelte, wäre – abgesehen von Seiten der verfügbaren Resourcen oder Produktionskapazitäten – dieses Flugzeug schnell und theoretisch auch in größeren Stückzahlen zu verwirklichen gewesen. Ob es tatsächlich sinnvoll gewesen wäre, dieses Muster in Produktion zu nehmen, da Heinkel an der He 177 und He 277 arbeitete, sei dahingestellt. Andere Hersteller, Messerschmitt mit seiner Me 264, Fw mit der Ta 400 oder Junkers selbst mit seinem Riesen Ju 290/390 oder dem gigantischen EF 100 boten eine breite Palette von in Frage kommenden Großflugzeugen. Zahlreiche andere Projekte bleiben hier unerwähnt, da sie aus welchen Gründen auch immer undurchführbar waren. Die erwähnte doppelrümpfige Ju 290, aus der in weit gemäßigterer Form die Ju 390 entstand, zählt wohl zu den krassesten Beispielen, wo dem Irrsinn freie Bahn gelassen wurde.
Wie erwähnt, befanden sich die beiden Prototypen Ju 488 V401/V402 in Frankreich bereits im Bau. Weitere vier Versuchsmuster sollten folgen. Über die weiteren Produktionsabsichten und -Zahlen ist aufgrund der mangelhaften Quellenlage derzeit nichts definitives bekannt. Zweifellos lagen aber entsprechende Pläne bereits in der Schublade. Im November 1944 kam die Weisung, das Programm einzustellen.
Alle Produktionspläne, welchen Umfang diese auch gehabt haben mochten, die Ju 488 A-Serie Mitte des Jahres 1945 anlaufen zu lassen, waren mit der Kapitulation im Mai 1945 und der daraus resultierenden, grundlegend veränderten Situation gegenstandslos geworden.

Seifenblasen – Lizenznehmer Japan

Eine Möglichkeit der deutschen Luftfahrtfirmen, die Fertigung ihrer Flugzeugmuster mit möglichst wenig Krediten zu realisieren, war Baulizenzen oder auch »nur« das Know how an Hersteller im Ausland zu veräußern. Lizenzen in klingende Münze zu verwandeln, war und ist nichts ungewöhnliches, auch zu Kriegszeiten, da man logischerweise nur mit verbündeten, befreundeten oder auch neutralen Staaten Handel trieb. Junkers beglich sogar noch seine zu zahlenden Lizenzgebühren an Hamilton-Standard (Junkers-Hamilton-Luftschraube) – auch als bereits der Kriegszustand mit den USA herrschte – 1943 über den Lloyd Aero Boliviano!
Ab 1942 versuchte die deutsche Luftfahrtindustrie zunehmend Lizenzen für Ihre Produkte ins verbündete oder zumindest neutrale Ausland zu verkaufen. In Frage kamen die Verbündeten wie Italien, Bulgarien, Rumänien, Ungarn. Bei sogenannten »neutralen« Staaten, welche mit beiden Seiten der Kriegsparteien regen Handel trieben, kamen die Türkei, Schweden, Spanien und die Schweiz in Betracht. Das wesentliche Interesse konzentrierte sich jedoch auf Japan. Mit zunehmender Fortdauer des Krieges gaben sich japanische Delegationen bei den deutschen Herstellern sozusagen die »Klinke« in die Hand. Japanische Firmen, beispielsweise Kawasaki, zeigten hier großes Interesse. Dieses Projekt, welches den Bau eines Großserienwerks unterstützte, wurde mit 30 Millionen Reichsmark beziffert. Zudem schlugen Lizenzrechte über 9 Millionen RM für die Ju 188-Nachbaurechte zu Buche. Auch am JUMO 213 bekundeten die Japaner Interesse (4,32 Millionen RM). Weitere Produkte der Junkers-Werke, wo an Japan Lizenzrechte vergeben wurden, waren das JUMO 004-Strahltriebwerk sowie die Kolbentypen JUMO 222 und 223. Die beantragten Nachbaurechte betrafen zudem die Flugzeugtypen Ju 288, Ju 388, Ju 488 und Ju 390. Dies als Beispiele im Bereich Junkers. Im Gesamten handelte es sich hier um einen Betrag von 130 Millionen Reichsmark. Pläne, Unterlagen bezüglich der Fertigungsverfahren, Bauteile oder komplette Triebwerke gingen per Uboot auf die lange Reise ins ferne Nippon. In den Jahren 1943-1945 war dies alles andere als eine gefahrlose Unternehmung. Viele Versuche scheiterten an der Wachsamkeit alliierter Kriegsschiff- und Flugzeugbesatzungen. Nur ein geringer Bruchteil des von den japanischen Stellen Gewünschten wurden dort auch tatsächlich in die Realität umgesetzt. Diese Tatsache betraf nicht nur Junkers, sondern beispielsweise auch Messerschmitt, HFW, Heinkel oder Dornier.
Der Handelsvertrag vom 20. Januar 1943 hatte wohl nur wenig mehr als Symbolcharakter, da ein regelmäßiger Fernverkehr per Uboot, Blockadebrecher oder etwa auf dem Luftwege durch die zunehmende Übermacht der Alliierten auf allen Kriegsschauplätzen in stärkstem Maße behindert wurde. Am 2. März 1944 wurde ein weiterer Vertrag zwischen den beiden noch verbliebenen Achsenmächten ratifiziert, welcher wiederum deutsches Know how der japanischen Kriegswirtschaft zuführen sollte. Diese war jedoch aus vielerlei Gründen nur noch in sehr ungenügender Weise in der Lage, davon zu provitieren. Die Würfel waren auch für Japan gefallen, die Niederlage unabwendbar und nur noch eine Frage der Zeit.

Technische Daten im Detail – Junkers Ju 488

Technische Daten	Ju 488 Fernerkunder JUMO 222 A/B	Ju 488 Fernbomber JUMO 222 A/B	Ju 488 Fernerkunder JUMO 222 E/F	Ju 488 Fernbomber JUMO 222 E/F
Gesamtlänge	23,24 m	23,24 m	23,24 m	23,24 m
Größte Rumpfhöhe	7,10 m	7,10 m	7,10 m	7,10 m
Bauausführung				
Vorderer Rumpf (incl. Kraftstoffbereich)	Metallbauweise	Metallbauweise	Metallbauweise	Metallbauweise
Restlicher hinterer Rumpfbereich	Holz / Stoffbesp.	Holz / Stoffbesp.	Holz / Stoffbesp.	Holz / Stoffbesp.
Spannweite über alles/Flächeninhalt	31,29 m/88,00 m^2	31,29 m/88,00 m^2	31,29 m/88,00 m^2	31,29 m/88,00 m^2
Flügelstreckung	11	11	11	11
Flächenbelastung (bei max. Fluggew.)	409 kg/m^2	409 kg/m^2	383 kg/m^2	383 kg/m^2
Äußere Hauptfahrwerksräder	1220 x 445	1220 x 445	1220 x 445	1220 x 445
Innere Hauptfahrwerksräder	1320 x 480	1320 x 480	1320 x 480	1320 x 480
Federbeine (je Einheit)	1	1	1	1
Spurweite (außen)/(innen)	14,90 m/6,50 m	14,90 m/6,50 m	14,90 m/6,50 m	14,90 m/6,50 m
Spornfahrwerk (Abmessung)	780 x 480	780 x 480	780 x 480	780 x 480
Höhenatmeranlage	15 Fl. I. Tragwerk	15 Fl. I. Tragwerk	15 Fl. I. Tragwerk	15 Fl. I. Tragwerk
Bewaffnung				
B-Stand	FDL 151 Z	FDL 151 Z	FDL 151 Z	FDL 151 Z
Heckstand	FHL 131 Z	FHL 131 Z	FHL 131 Z	FHL 131 Z
Bombenlast	---	5000 kg	---	5000 kg
Aufklärer-Equipment	2 x Rb 30/50	---	2 x Rb 30/50	---
Panzerschutz (Pilot)	Kopf- u. Rückenp.	Kopf- u. Rückenp.	Kopf- u. Rückenp.	Kopf- u. Rückenp.
Panzerschutz (Beobachter)	Rückenpanzerung	Rückenpanzerung	Rückenpanzerung	Rückenpanzerung
Triebwerke				
Motorentypen bei Ju 488	JUMO 222 A/B (-3)	JUMO 222 A/B (-3)	JUMO 222 E/F (-1)	JUMO 222 E/F (-1)
Startleistung	2500 PS + 130 kp Abgasdüsenschub	2500 PS + 130 kp Abgasdüsenschub	2500 PS + 130 kp Abgasdüsenschub	2500 PS + 130 kp Abgasdüsenschub
Steig- und Kampfleistung (Bodennähe)	2200 PS + 112 kp Abgasdüsenschub	2200 PS + 112 kp Abgasdüsenschub	2180 PS + 102 kp Abgasdüsenschub	2180 PS + 102 kp Abgasdüsenschub
Steig- und Kampfleistung (7200 m)	1910 PS + 162 kp	1910 PS + 162 kp	1650 PS + 180 kp	1650 PS + 180 kp
Betriebsstoffanlage *				
Datenblatt Ju 488 (24.7.1944)				
Treibstoffart	B4	B4	---	---
Rumpfbehälter/Flächenbehälter	12 800 l/4750 l	7250 l/4750 l	10 750 l/4750 l	5650 l/4750 l
Gesamtkapazität	17550 l	12 000 l	15 500 l	10 400 l
Schnellablass	Bei Flächentanks	Bei Flächentanks	Bei Flächentanks	Bei Flächentanks
Luftschrauben				
Hersteller	Junkers	Junkers	Junkers	Junkers
Luftschraubentyp/Durchmesser	VS 19/4,00 m	VS 19/4,00 m	VS 19/4,00 m	VS 19/4,00 m
Gewichtsdaten				
Rüstgewicht	21 200 kg	21 000 kg	21 000 kg	21 000 kg
Kraftstoff/Schmierstoff	13 500 kg/700 kg	8900 kg/500 kg	11 500 kg/600 kg	7700 kg/400 kg
Bordwaffenmunition/Bomben	220 kg/---	220 kg/5000 kg	220 kg	220 kg/4000 kg
Abfluggewicht	36 000 kg	36 000 kg	33 700 kg	33 700 kg
Mittleres Fluggewicht	29 250 kg	26 550 kg	27 950 kg	25 850 kg
Leistungsdaten				
Höchstgeschwindigkeit (Bodennähe)	541 km/h	544 km/h	529 km/h	531 km/h
Höchstgeschwindigkeit (7000 m)	684 km/h	690 km/h	---	---
Steigzeit auf 6000 m/8000 m	13 min/---	13 min/---	---/31,8 min	---/31,8 min
Steigeschwindigkeit (0 m)	9,20 m/sek	9,20 m/sek	8,85 m/sek	8,85 m/sek
Dienstgipfelhöhe (4-mot/3-mot/2-mot)	10 750 m/9200 m/5900 m	11 350 m/9850 m/7400 m	13 150 m/11 650 m/5100 m	13 650 m/12 100/7100 m
Reichweite (6000 m)	5100 km (1)	3400 km (3)	4970 km (5)	3220 km (7)
Reichweite (6000 m)	6820 km (2)	4360 km (4)	5580 km (6)	3600 km (8)
Startstrecke (15 m Höhe, Gras/Beton	1420 / 1160 m	1380 / 1140 m	1310 / 870	1310 / 870 m
Startrollstrecke (Gras/Beton)	1100 / 840 m	1060 / 820 m	1000 / 550 m	1000 / 550 m
Maximale Flugzeit	---	5,7 Stunden	---	4,9 Stunden
Nutzlast/Flugmasse in Prozent	---	15 %	---	13 %
Besatzung	3	3	3	3

* Gemäß dem Plan vom 9.9.1944 (Ju 488 V403) sind folgende Treibstoffmengen angegeben: Rumpfbehälter (6 x 2250 l), Außen-Flächenbehälter (2 x 510 l), Außen-Flächenbehälter (2 x 425 l), Mittelstück-Behälter (2 x 620 l), Mittelstück-Behälter (2 x 820 l). Dies ergibt eine Gesamtmenge von 18 450 l.

(1) = Reisegeschwindigkeit (maximal) 610 km/h in 6000 m
(2) = Reisegeschwindigkeit (gedrosselt) 480 km/h in 6000 m
(3) = Reisegeschwindigkeit (maximal) 597/622 km/h in 6000 m
(4) = Reisegeschwindigkeit (gedrosselt) 487/486 km/h in 6000 m
(5) = Reisegeschwindigkeit (maximal) 641/672 km/h in 10 000 m
(6) = Reisegeschwindigkeit (gedrosselt) 551/564 km/h in 10 000 m
(7) = Reisegeschwindigkeit (maximal) 636/678 km/h in 10 000 m
(8) = Reisegeschwindigkeit (gedrosselt) 556/576 km/h in 10 000 m

Klein, aber fein – Die Junkers-Konstruktionen im Modell

Im Gegensatz zu Flugzeugtypen wie beispielsweise Me 109, Fw 190 oder He 111 steht dem Modellbauer in diesem Fall eine ungleich geringere Auswahl an Bausätzen zur Verfügung. Nachfolgend beschreibt Ralf Schlüter seine Erfahrungen mit den Bausätzen von HUMA, Special Hobby und KORA.
Zahlreiche Fotos, die auch viele Details offen legen, sowie die Zeichnungen dieser Dokumentation werden dem Modellbauer bei dieser Aufgabe zweifellos gute Dienste leisten. Am Schluß dieser Dokumentation über eine äußerst interessante Flugzeugreihe möchten wir der modellbauenden Zunft beim Bau viel Spaß und vor allem Erfolg wünschen.

Die Ju 288 im Maßstab 1:72

Mit der Ju 288 ist die Modell-Landschaft sehr mager bestückt. In den 70er Jahren gab es einen Vacu-Bausatz der **Ju 288 V3**, und erst 2001 hat uns der deutsche Hersteller HUMA einen Bausatz der **Ju 288 C (V103)** angeboten. Das war bzw. ist auch schon die ganze Modell-Palette.
Beginnen wir mit dem Vacu von Air Modell. Unabhängig von der Tatsache, daß ein Vacu-Bausatz halt ein Vacu-Bausatz ist, bei dem alles bis auf Rumpfhälften, Flügel, Leitwerk und Kabine selbst zu machen ist, muß bei diesem Bausatz festgestellt werden, daß er eine nur sehr grobe Basis für eine Ju 288 V3 bietet. Die Grunddimensionen entsprechen in Rumpflänge wie Spannweite der V1 und V2. Fotos von der V3 belegen eine größere Spannweite sowie eine fast gerade Flügelvorderkante, so daß der Flügel in seiner Struktur durch Einsetzen von Verlängerungssegmenten anzupassen ist. Bei dieser Gelegenheit sollten unbedingt die Querruder und Landeklappen herausgeschnitten und separat aufgebaut werden, um so die sehr schlechte Darstellung aller Blechstöße und Klappen zu verfeinern. Blechstöße nach dem Schließen und Zusammenbau der neuen Flügelgeometrie einritzen und/oder entlang von Klebeband aufsprühen. Der Flügel sollte einen Mittelteil erhalten, um ihn originalgetreu auf den Rumpf aufzulegen und einzustraken, da die Wurzelrippen am Rumpf viel zu tief liegen. Der Rumpf ist zwischen Flügelhinterkante und Leitwerk Vorderkante 8 mm zu kurz und sollte hier angestückelt werden. Dies fällt dann leicht, wenn man gleich den im Querschnitt zu runden Bausatzrumpf durch Einsetzen neuer, gerader Rumpfseiten neu aufbaut. Wer mag und sich das Bauen leicht machen möchte, öffnet den langen Bombenschacht und hat somit die Möglichkeit, den weiteren Aufbau des Rumpfes auch von innen her zu unterstützen. Der lange, gerade Bombenschacht-Boden bietet dann ein stabiles Rückgrat für den gesamten Rumpf. Der Rumpfvorderteil für dieses Flugzeug ist der schmale Ju 288 A-Kampfkopf für drei Mann Besatzung. Dies ist von der Rumpfbreite und der Kabinenauslegung auch so dargestellt. Das Innenleben, welches »scratch« entstehen muß, sollte nach Fotos/Zeichnungen aufgebaut werden. Die Bauanleitung ist hier falsch. Auch beim Fahrwerk sollte man sich an Fotos und guten Zeichnungen orientieren. Lediglich zum Abmessen der Höhe der einzelnen Elemente des Fahrwerkes ist hier die Bauanleitung hilfreich. Die Kabine ist leider sehr grob gezogen, so daß für ein ordentliches Ergebnis auf jeden Fall ein eigener Stempel erstellt und eine eigene Kabine gezogen werden sollte. Der Anstrich ist innen wie für frühe deutsche Bomber üblich RLM 02 mit RLM 66 schwarzgrau in den Sicht-Bereichen der Besatzung. Außenanstrich war der übliche RLM 70/71/65-Anstrich, der Anfangs noch eine zivile Registrierung mit rot/weiß/schwarzem Hoheitsabzeichen auf dem Seitenruder aufwies. Die spätere militärische Kennung mit eisernen Kreuzen lautete ±-. Ein farblich nicht identifiziertes Rumpfband ergänzte den militärischen Anstrich.
Die Ju 288 V103 von HUMA ist schon wesentlich freundlicher zu bauen, und bietet mit Ausnahme der Kabineneinrichtung eine solide Basis für ein einfaches Bauen mit gutem Ergebnis. Grundsätzlich kann der eilige Modellbauer auch die Kabineninneneinrichtung des HUMA-Bausatzes verwenden und somit das gesamte Flugzeug aus der Schachtel bauen. Doch da es HUMA gelungen ist, eine wunderschöne Verglasung mit sehr guter optischer Qualität herzustellen, wäre es bei einem derart exotischen Flieger einfach schade, das Innenleben nicht entsprechend aufzuarbeiten. Ein Wunsch an Huma wäre eine Unterstützung zur Öffnung der Bombenschacht-Tore, da HUMA schon den Bombenschachtboden und die vorderen und hinteren Abschlußspante sowie zwei SC 1000 mitliefert. Hier wäre ein tiefer Graben auf der Rumpfinnenseite entlang der Torkante sehr hilfreich, da das Plastikmaterial des Rumpfes an diesen Stellen sehr dick ist. Leider sind HUMA's Abziehbilder ein wenig dick; auch neigen sie selbst auf glänzender Lackierung zur Schattenbildung im Trägerfilm. Hier sollte man lieber die Kennungen, wie schon bei der V3 notwendig, mittels Schablonen und Sprühpistole lackieren. Zusammenfassend kann gesagt werden, daß HUMA uns ein sehr schönes Modell dieses exotischen Flugzeuges präsentiert, welches auch Raum für Eigeninitiative oder »After Market«-Hersteller bietet.

Die Ju 388 im Maßstab 1:72

Für dieses Flugzeug ist die Angebotspalette an Bausätzen deutlich größer. Zuerst gibt es einen Vacu-Umbausatz, welcher auf Basis des Ju 188-Bausatzes von Matchbox alle Varianten der Ju 388-Vorgänger (Ju 188 S und Ju 188 T) sowie der Ju 388 zu bauen erlaubt. Zu diesem Zweck enthält der Umbausatz einen Rumpf mit Heckbewaffnung FDL 131, einen Rumpfbug für Ju 388 K/L, sämtliche Varianten an Bodentropfen/-wannen sowie einen Satz sehr schöner Verglasungen für Ju 388 J/K und L. Ebenfalls enthalten sind Motorergänzungen für den BMW 801 TJ; da diese leider auf dem Matchbox-Nasenring aufbauen, wird das Ergebnis zwar korrekt lang, bleibt aber ein wenig zu schmal im Motordurchmesser. In Summe kann gesagt werden, daß in Abwesenheit anderer Optionen dieser Umbausatz mit der empfohlenen Basis eine solide Grundlage für eine Ju 388-Reihe bietet. Angesichts neuer Bausätze für die Ju 388 sollte er heute allerdings nur noch für die Herstellung der Ju 188 S und T hergenommen werden. Als »Schmankerl« ist noch eine Morgenstern-Nase für eine Ju 88 G enthalten. Neben diesem Vacu-Umbausatz sind mir noch das Resin-Modell Ju 388 K der Firma KORA und die seit kurzem verfügbaren Spritzgußbausätze für Ju 388 J und Ju 388K/L der Firma Special Hobby bekannt. Bei dem Bausatz von KORA handelt es sich um ein Modell, dessen wesentliche Bestandteile aus Resin gefertigt sind: zwei einteilige Flügel, Rumpfhälften, Leitwerk, Fahrwerkgondeln, Propeller, Räder und Motoren. Die Kleinteile zur Detaillierung sind Foto-Ätzteile. Weißmetall-Fahrwerke und eine Acetat-Kabinenhaube runden das Modell ab. Alle Teile sind sehr sauber gearbeitet. Außenform und Panellines sind gemäß verfügbaren Zeichnungen sehr exakt. Insgesamt geben alle Teile den Eindruck, daß ein sehr schönes Ergebnis baubar ist. Lediglich die Fahrwerkbeine wirken zu wuchtig; ich würde sie durch selbsterstellte ersetzen. Die beigelegten Abziehbilder erlauben die Fertigstellung einer Ju 388 K, Werknummer 340 405, einen der in Dessau abgestellt vorgefundenen Bomber, die nicht mehr zum Einsatz kamen. Die beiden Bausätze von Special Hobby basieren auf sehr gut hergestellten Spritzgußteilen für die Flugzeugzelle und Motoren. Fahrwerkschächte, Kabineneinrichtung, Motorandeutung und Kleinteile sind als Resinteile, weitere Kleinteile als Foto-Ätzteile beigefügt. Der Bau erweist sich als deutlich einfacher als der Vacu-Umbau, da die meisten Teile sehr paßgenau gearbeitet sind. Beim Einpassen der Resinteile (Kabine und Fahrwerkschächte) muß so viel wie möglich »Blindmaterial« weggeschliffen werden, damit sich diese in die vorgesehenen Strukturen einpassen. Die Sitze für alle drei Besatzungsmitglieder sind identisch, was nicht der Realität entspricht. Somit paßt auch der rechte Sitz nicht ins Cockpit; konsequenterweise sollte man hier gleich den entsprechenden Klappsitz herstellen und einbauen. Für beide Versionen liegen schön klare Acetat-Kabinen bei, die exakt ausgeschnitten perfekt auf das jeweilige Modell passen. Die als Ätzteile beigefügten Antennen der Radargeräte lassen sich sehr schön an das Modell anbauen. Nach Anstrich mit etwas dicker Farbe wird auch das flache Erscheinungsbild an die tatsächlich runden Antennenstäbe angeglichen. Ich meine, daß das Endergebnis so i.O. ist. Schöner ist hier natürlich ein exakter Scratch-Bau aus gezogenen Röhrchen unterschiedlicher Durchmesser, die ineinander gesteckt ein wesentlich besseres Bild abgeben. Special Hobby bietet zum Abschluß für beide Bausätze zwei Varianten an, wobei die zweite Variante der Ju 388 J »akademisch« ist. Hier wird lediglich der Unterschied zwischen dem ersten Versuchszustand des Prototypen und ein späterer Bauzustand dargestellt. Wesentliche Unterschiede sind hier kleine Seitenfenster am unteren Kabinenbereich, das Fehlen der Flugwertesonde und die Antennen des Rückwärts-Warn-Radars am Seitenruder. Anstrich und Markierungen sind identisch. Der Ju 388 K/L-Bausatz bietet beide Varianten, so daß der Aufklärer mit Kamerafenstern im »Bauch« oder der Bomber ohne dieselben gebaut werden können. Hier ist der Anstrich unterschiedlich. Der Aufklärer erhält, wie auch die Ju 388 J, den Standardanstrich 70/71/65, während der Bomber in RLM 83/76 gespritzt war. Hier wird deutlich, daß die Ju 388 J und die Ju 388 K eigentlich Umbauten bestehender Ju 188-Zellen waren. Die Abziehbilder von Special Hobby verdienen an dieser Stelle noch ein besonderes Lob. Sie sind sehr dünn, legen sich an jedes Oberflächen-Detail und bilden keine Schatten. Der Druck ist akkurat und genau, sodaß der Hersteller dieser Abziehbilder doch in Zukunft bei allen Bausätzen beauftragt werden sollte. Zusammenfassend bleibt zu sagen, daß die beiden Bausätze von Special Hobby, mit etwas Liebe und Erfahrung gebaut, echte Sahnestückchen ergeben.

Die Ju 488

Im Fall der Ju 488 wird man bedauerlicherweise nach einem Modellbausatz vergeblich suchen. Hier hilft nur die altbewährte »Scratch-Methode« unter Verwendung diverser Bausätze von entsprechenden Junkers-Maschinen, ein tiefer Griff in die »Grabbelkiste« und viel Geduld.

Ju 288 V3 (Details)

Weitere Modellfotos sind im Farbteil enthalten.